国家出版基金资助项目
“十三五”国家重点出版物出版规划项目
现代土木工程精品系列图书·建筑工程安全与质量保障系列

强地震动特征与抗震设计谱

Strong Ground Motion Features and Seismic Design Spectra

翟长海　谢礼立　李　爽　周宝峰　徐龙军　著

内 容 提 要

我国是地震灾害最为严重的国家之一，地震动特征与抗震设计谱是地震工程学研究的核心内容，对工程结构的抗震设防、减轻地震灾害具有重要意义。全书内容包括地震动台网布设，地震动加速度记录处理，地震动特征及潜在破坏势，地震动弹性反应谱，地震动双规准反应谱和地震动非弹性反应谱等方面的内容。

本书可供工程地震和结构抗震专业人员、土木工程技术人员、高等院校及科研院所相关教师和学生在地震工程研究和结构抗震设计及评估中阅读和参考。

图书在版编目(CIP)数据

强地震动特征与抗震设计谱/翟长海等著. —哈尔滨：哈尔滨工业大学出版社，2020.1
建筑工程安全与质量保障系列
ISBN 978-7-5603-6281-6

Ⅰ.①强… Ⅱ.①翟… Ⅲ.①建筑结构-抗震设计 Ⅳ.①TU352.104

中国版本图书馆 CIP 数据核字(2016)第 265124 号

策划编辑 王桂芝 张凤涛
责任编辑 张 瑞 杨明蕾 王 玲
出版发行 哈尔滨工业大学出版社
社 址 哈尔滨市南岗区复华四道街 10 号 邮编 150006
传 真 0451-86414749
网 址 http://hitpress.hit.edu.cn
印 刷 哈尔滨市石桥印务有限公司
开 本 787mm×1092mm 1/16 印张 10.5 字数 240 千字
版 次 2020 年 1 月第 1 版 2020 年 1 月第 1 次印刷
书 号 ISBN 978-7-5603-6281-6
定 价 68.00 元

国家出版基金资助项目

建筑工程安全与质量保障系列

编审委员会

序

党的十八大报告曾强调“加强防灾减灾体系建设，提高气象、地质、地震灾害防御能力”，这表明党和政府高度重视基础设施和建筑工程的防灾减灾工作。而《国家新型城镇化规划(2014—2020年)》的发布，标志着我国城镇化建设已进入新的历史阶段；习近平主席提出的“一带一路”倡议，更是为世界打开了广阔的“筑梦空间”。不论是国家“新型城镇化”建设，还是“一带一路”伟大构想的实施，都迫切需要实现基础设施的建设安全与质量保障。

哈尔滨工业大学出版社出版的《建筑工程安全与质量保障系列》图书是依托哈尔滨工业大学土木工程学科在与建筑安全紧密相关的几大关键领域——高性能结构、地震工程与工程抗震、火灾科学与工程抗火、环境作用与工程耐久性等取得的多项引领学科发展的标志性成果，以地震动特征与地震作用计算、场地评价和工程选址、火灾作用与损伤分析、环境作用与腐蚀分析为关键，以新材料/新体系研发、新理论/新方法创新为抓手，为实现建筑工程安全、保障建筑工程质量打造的一批具有国际一流水平的学术著作，具有原创性、先进性、实用性和前瞻性。该系列图书的出版将有利于推动科技成果的转化及推广应用，引领行业技术进步，服务经济建设，为“一带一路”和“新型城镇化”建设提供技术支持与质量保障，促进我国土木工程学科的科学发展。

该系列图书具有以下两个显著特点：

(1)面向国际学术前沿，基础创新成果突出。

哈尔滨工业大学土木工程学科面向学术前沿，解决了多概率抗震设防水平决策等重大科学问题，在基础理论研究方面取得多项重大突破，相关成果获国家科技进步一、二等奖共9项。该系列图书中《黑龙江省建筑工程抗震性态设计规范》《岩土工程监测》《岩土地震工程》《土木工程地质与选址》《强地震动特征与抗震设计谱》《活性粉末混凝土结构》《混凝土早期性能与评价方法》等，均是基于相关的国家自然科学基金项目撰写而成，为推动和引领学科发展、建设安全可靠的建筑工程提供了设计依据和技术支撑。

(2)面向国家重大需求，工程应用特色鲜明。

哈尔滨工业大学土木工程学科传承和发展了大跨空间结构、组合结构、轻型钢结构、预应力及砌体结构等优势方向，坚持结构理论创新与重大工程实践紧密结合，有效地支撑了国家大科学工程 500 m 口径巨型射电望远镜（FAST）、2008 年北京奥运会主场馆国家体育场（鸟巢）、深圳大运会体育场馆等工程建设，相关成果获国家科技进步二等奖 5 项。该系列图书中《巨型射电望远镜结构设计》《钢筋混凝土电化学研究》《火灾后混凝土结构鉴定与加固修复》《高层建筑钢结构》《基于 OpenSees 的钢筋混凝土结构非线性分析》等，不仅为该领域工程建设提供了技术支持，也为工程质量监测与控制提供了保障。

该系列图书的作者在科研方面取得了卓越的成就，在学术著作撰写方面具有丰富的经验，他们治学严谨，学术水平高，有效地保证了图书的原创性、先进性和科学性。他们撰写的该系列图书，反映了哈尔滨工业大学土木工程学科近年来取得的具有自主知识产权、处于国际先进水平的多项原创性科研成果，对促进学科发展、科技成果转化意义重大。

中国工程院院士

2019 年 8 月

前　言

1933 年美国长滩(Long Beach)地震是人类记录到的第一条地震动，从此地震工程学的研究进入从定性转为定量的时代。随着科学技术的进步，目前获得地震动记录已经不再是难事，除了在近断层和一些受特殊效应影响的地震动数量上不太充足外，对于一般的地震动已经有了丰富的积累。但是从目前的状况来看，多数情况下，工程抗震设计人员对地震动本身并不十分了解。这个状况长期困扰着工程抗震设计人员，不过已有很多研究者致力于解决这一问题。可以说，对地震动的研究承担着一项重要任务，就是促进工程设计人员进一步认知地震学与工程抗震设计的关系。

地震动特征与抗震设计谱是连接工程地震及结构抗震的桥梁，是地震工程学研究的核心内容，可为工程结构的抗震设防提供依据和支撑，已成为保障我国国民生命财产安全的关键科学问题。地震动特征研究的目的是寻找地震动对工程结构破坏性的物理参数和表征这种破坏性的方法，为工程结构抗震设计和评估提供依据。抗震设计谱的建立是地震工程学中的重要问题之一，是工程结构抗震设计及评估的基础，极大地推动了地震工程学的发展。十余年来，作者在地震动特征与抗震设计谱方面开展了系统的研究工作。本书内容共分 6 章，具体内容包括以下几个方面：

(1)地震动观测台网布设。获取地震动记录是研究地震动特征的前提，强震观测是推动地震工程发展的源动力，对于认识地震的破坏作用以及发展结构抗震设计理论和实践具有至关重要的作用。本章主要介绍了台站、台阵和台网的作用，分析了典型的地震动台阵的布设方式，介绍了我国几个著名地震动台阵和全国台网的建设情况。

(2)地震动加速度记录处理。在仪器记录地震动数据的过程中经常受到各种因素的影响，从而导致记录数据与真实值存在差异，在研究某些问题时这些差异将被放大至不可接受的程度。本章主要介绍了加速度记录的滤波和基线校正方法，对加速度记录中的“尖刺”现象、非对称波形、明显的基线漂移等非正常波形进行了识别和分析。

(3)地震动特征及潜在破坏势。由于地震动本身的复杂性，一个合理的记录方式是采用地震动参数来描述地震记录具有的特征。本章主要介绍了目前常用的地震动参数，包括由地震动记录本身得到的参数和通过结构反应得到的参数。介绍了如何评价地震动的破坏势，并以钢筋混凝土框架剪结构为例，给出了最不利设计地震动的选择过程。

(4)地震动弹性反应谱。弹性反应谱是目前国内外抗震设计规范中普遍采用的用于计算工程结构所受地震作用的依据，也是基于强度的抗震设计理论得以实施的基础。本章主要介绍了弹性加速度反应谱、伪反应谱、三联反应谱的计算方法及特征，分析了我国各时期抗震规范设计谱的特点及其发展历程。

(5)地震动双规准反应谱。地震动的弹性反应谱的谱值和形状受到场地条件、震源情况、距离、阻尼等多种因素的影响，如果能找到反应谱的统一规律，有望解决地震动记录稀缺地区抗震设计谱的建立问题。本章主要介绍了双规准加速度反应谱和速度反应谱的建立方法及特点，给出了利用双规准反应谱建立离散性更小的抗震设计谱方法。

（6）地震动非弹性反应谱。地震动的非弹性反应谱是弹性反应谱的拓展，在基于性态的抗震设计理论中广泛使用。本章主要介绍了等强度非弹性位移比谱、等延性非弹性位移比谱、等延性非弹性反应谱、等延性强度折减系数谱等，分析和讨论了地震动非弹性反应谱的特点及其应用背景。

本书的主要内容源自于以下科研项目的部分研究成果：国家自然科学基金重点项目（编号：51238012）、国家自然科学基金重大研究计划课题（编号：91215301）、国家自然科学优秀青年基金项目“地震工程”（51322801）、国家自然科学基金面上项目（编号：51178152）、国家自然科学基金青年项目（编号：50808168、51308517）、教育部新世纪优秀人才支持计划项目（NCET－11－0813）、黑龙江省自然科学基金面上项目（编号：E2015069、E2015070）、哈尔滨工业大学基础研究杰出人才“跃升”培育计划等。

书中内容是作者与其研究生共同完成的，孙亚民、郭晓云、常志旺、王晓敏等学生的努力工作是保障本书顺利完成的重要条件之一。各位前辈、老师及同行的技术文献为我们开阔了视野，启迪了思想，提供了参考，在此一并表示感谢。

在地震工程学领域仍存在着大量的科学问题亟待解决，对地震动的研究是实现这一领域蓬勃发展的必由之路。由于作者水平有限，本书内容只是相关研究领域诸多研究成果中的点滴，一定存在若干不足及有待完善之处，由衷盼望有关专家和读者批评指正。

作　者

2019 年 10 月

哈尔滨工业大学

中国地震局工程力学研究所

目　录

第1章　地震动观测台网布设

1.1　引　　言

所谓地震动，是由震源释放出来的地震波引起地表附近土层的振动，通常由天然地震或人为地震（采油、采气、蓄水、爆破等）引起。地震动具有复杂性和不确定性，主要是由震源与传播介质中动力过程和裂隙构造的复杂性造成的[1]。按照地面运动的强烈程度，地震动可分为强地震动和较弱的地震动。通常，工程地震学只对震级为5级或更大的地震所引起的强地震动感兴趣。另外，即使是破坏性的大地震，也只限于在距发震断层数十公里范围内，才有可能引起震害[2]。为了探求和掌握地震动特性，需要在观测价值比较高的地理位置上布设一定数量的强震仪，用于地震信息的捕捉和记录，借此认识地震力，从而更好地服务于防震减灾事业。在此基础上，研究有效的建筑抗震设计方法，建立一套完备的防震减灾体系，最终达到减轻甚至避免地震给人类带来危害的目的。

保证人们的生命财产免于受到地震破坏的影响是一项重大的世界性难题。仅以近些年的情况来讲，2008年5月12日，我国四川省汶川地区发生了M8.0级地震；2010年2月27日，智利发生了M8.8级地震；2011年2月11日，新西兰发生了M6.3级地震；2011年3月11日，日本东海岸发生了M9.0级地震；2012年3月20日，墨西哥城发生了M7.6级地震；2013年4月20日，我国芦山发生了M7.0级地震。这些地震对人造结构和自然环境均造成很大的破坏，严重威胁了人们的生命和财产安全。同时，这些特大地震、大地震也给研究人员带来了研究的契机，无论是我国汶川地震还是日本东海岸大地震，研究人员都获得了大量的地震动加速度记录，极大地丰富了国内外的地震动数据库，为工程地震学的深入研究积累了翔实的数据资料。这些资料能够更好地服务于相关的科学研究和工程应用，包括应急预警、震害评估、工程设计、工程加固、结构抗震规范修订等工作。

研究表明，地震动观测台网的科学布设是能否获取高质量地震动加速度记录的关键因素。本章内容主要包括：介绍地震动台站、台阵和台网的布设及其作用；针对不同类型的台阵给出详细的布设方案；通过我国已有台阵的应用实例解释台站、台阵和台网的工程应用。

1.2　地震动台站

为了能及时获得珍贵的地震动记录，满足地震工程和工程抗震等方面研究的需要，应综合地震活动性、地理环境、人口密度、经济发展水平、交通等多方面因素，在全国范围内布设多个合理可行的地震动台网。在地震动观测中，为了便于维护和管理，一个地震动台网往往由该地区中的多个地震动台站和各种类型的台阵组成。一个合理的地震动台网应期望它能够实现以下目的:①对于发生在该地区任何地点的强地震,台网中有尽可能多的强震仪获取震中区的地震动记录;②在每台仪器的使用寿命期间应能至少获得一次有意义的地震动记录[3]。地震动台站是地震动台网的基本单元。

1.2.1 地震动台站的作用

地震动台站是地震动记录的基础单元,用于记录某点的振动情况。台站所获得的记录可为地震动特性研究、编制地震动参数区划图、确定设计地震动、结构抗震性能研究、地震动强度(烈度)速报、震害快速评估、大震预警与紧急处置、震源特性和近断层地震动预测、结构健康诊断等提供重要的基础数据[4]。地震动台站有两种形式:固定台站和流动台站。固定台站是地震动观测的主要形式,是一种"守株待兔"的方式,当地震发生时,可以获得有价值的地震记录。流动台站是固定台站的一种有效补充:一方面,如果预期某个地区短期内可能会发生强地震,可以事先在该地区布设流动台站,以期获得大量近断层地震动记录;另一方面,某地区发生地震后,迅速布设一批流动观测台站,可以获取强余震记录。

1.2.2 地震动台站的选址

地震动台站的布设需要考虑地震发生的概率和强度、人口密度、经济状况及未来地震中的损失情况、场地的代表性与重要程度、交通、动力供给和安全等因素。地震动台站的布设应考虑以下因素:

(1)可能发生地震的地质构造背景和发震的构造条件。一些地震发生的标志如下:第一,地震发生带通常位于活动性构造体系中强烈活动的主干断裂带或深大断裂带,这些断裂带往往控制着各种类型的新活动断陷盆地,因此,新断陷盆地通常是地震活动带。第二,地震主要发生在上述断裂带的某些特殊部位,例如:不同方向活动断裂带交汇复合部位;活动性主干断裂带或深大断裂带的拐弯地段、端部以及其他强烈活动地段。第三,地震经常发生在新生代(或中新生代)断陷盆地中某些特殊部位,例如:倾斜的断陷盆地较深、陡一侧的活动断裂带上,尤其是新断距最大的地段;横向断裂所控制的横向隆起的两侧;断陷盆地的顶角区,尤其是锐角端部;多组断裂交汇部位等。第四,重力、航磁和地形变化异常的地段也常是地震发生段。

(2)地震发生的频度、活动趋势及其强度。地震活动带呈条带状分布,我国就位于环太平洋和地中海-喜马拉雅地震带上。综合历史和现今的地震活动性和地震地质构造情况可优先选择地震频率高、强度大的地震区。我国各地震区的地震活动期有如下特点:第一,同一地震区内活动期的历时大致不变,而不同地震区内活动期的历时则各不相同。有的活动期长达300～400年,有的仅100年左右甚至几十年内。第二,平静期内很少发生6级以上地震,大量6级以上地震发生在活跃期内,并且活跃期内大都发生过8级以上地震。第三,地震活动的发展过程划分为应变积累的平静阶段、前兆释放的逐渐增多阶段、大震发生的大释放阶段和逐渐减弱的剩余释放阶段4个阶段。20世纪50年代,苏联和我国在进行地震区划时,采用了两条原则来描述地震活动规律:第一,曾经发生过地震的地区，同样强度的地震今后还可能重演；第二，地质条件相似的地区，地震活动性也可能相似[1]。因此，我们可以根据地震活动的统计规律以及相关地质资料，来判断强地震发生的概率及其强度。地震动台站布设在最可能发生地震的地震危险区内，高烈度区和靠近断层的震中区是最佳的选择。

(3)人口密度和未来地震可能造成的伤亡情况。优先考虑人口密度较大的地区，以及地震可能造成人员伤亡比较大的地区。一般，台站应主要布设在高烈度区的大中城市和乡镇所在地，对于人烟稀少的偏远地区则很少布设地震动台站。

(4)区域的经济发展程度和未来地震可能造成的经济损失。即使是不太强烈的地震，都有可能给经济高度发达的地区带来很大的影响。因此，应优先选择经济比较发达或者未来地震可能造成重大经济损失的地区进行台站布设。

(5)场地具有典型性和重要性。优先选择有典型意义的场地布设地震动台站，获得的记录具有广泛的应用性。

(6)台站的选址还需要兼顾交通、背景噪声、通信、电力供给、安全等诸因素[5]。台站一般选在交通便利的地方，远离振动的潜在来源，这些潜在来源包括：大型电动机、水泵或发电机，主动流动的大型管道、大型桅杆，电线杆或树木，以及重型车辆交通和工业活动。建议台站应位于地面背景振动峰值小于 0.000 1g 的场地上。即便稳态背景振动比较小，也要谨慎选择场地，以避免在地震过程中可能诱发大的振动。大型阀门、水泵、机械或电子装置，在地震振动过程中可以加剧或减弱振动，也应避免其造成的不正常的能量脉冲。关于通信，大多数情况下，地震动台站需要连接到一些用于数据传输和维护目的的数字化通信设备上。在新台站的规划设计阶段，需要适当考虑通信的可用性。如果在空旷的场地上证实难以使用电线或光纤通信，则应考虑无线通信。另外，还要尽量减少传感器附近较大的天线桅杆运动对地面振动造成的污染。关于电力供给，现代强震仪器，特别是实时数字传输系统，需要几十瓦的稳定电源。对于野外的台站而言，提供充足的电力来源可以说是一个重大挑战。太阳能发电可供选择，但对于大多数地震动台站来说，必须注意需要多个大型太阳能电池板。还必须注意，尽量减少大型太阳能电池板和它们的支撑对于地面振动的污染。任何情况下，在没有外部电力供应的前提下，台站拥有能够维持 4 天的电池系统是很必要的。关于安全，在城市和偏远地区，台站被破坏是一个严重的问题。出于安全考虑，可以用结实的外壳、锁、防篡改的外部硬件和围栏保护台站。如果使用围栏，必须尽量减少由于围栏振动而对地面运动所造成的污染，轻质围栏是最好的选择[5]。

1.2.3　地震动台站的构成

地震动台站通常位于土木结构观测室或简易观测室内，加速度计常固定在仪器墩上，其典型观测系统由供电、加速度计、数据采集器、通信及防雷等设备构成，台站观测系统框图如图 1.1[6] 所示。

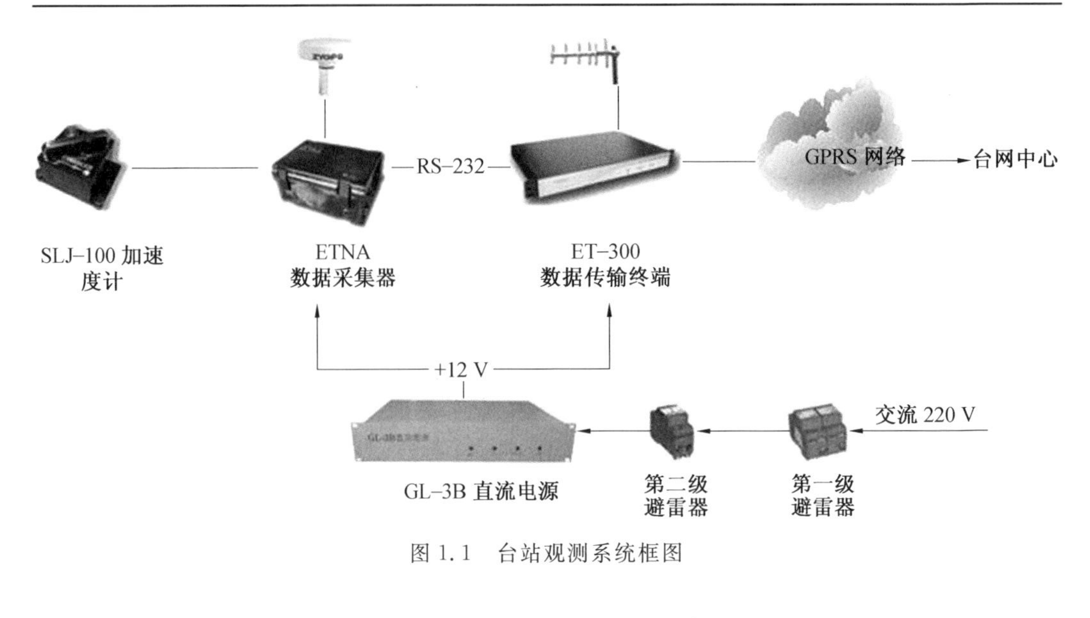

图 1.1　台站观测系统框图

1.3　地震动台阵

1.3.1　台阵类型

为了研究震源机制、地震波的传播特性和局部场地条件等的影响，需要设计地震动观测台阵。简而言之，地震动台阵就是拥有共同时标的地震动加速度计在几何空间上的组合。每个台阵的设计需考虑到仪器的可用性，仪器能否满足特殊场地的要求和完成研究目标，整体费用等方面的问题。

特定场地所经历的地震动可视为地震震源函数、传播路径和场地环境影响的时空卷积。震源主要分为 3 种类型：①断层长达 1 000 km 的走滑断层；②断层长达 1 000 km 的小角度俯冲断层；③具有中等断层长度（大约 50 km）的倾滑断层。路径结构主要分为：①具有和不具有波导效应的均匀分层地壳；②基底沉积盆地的过渡像沉积盆地的边缘一样具有相对简单的横向非均质性，上部由不同地壳材料结合而成，具有深的波导和其他更复杂的三维非均质性。按照研究目的不同，地震动观测台阵分为震源机制台阵、传播效应台阵、局部效应台阵和综合台阵。

1. 震源机制台阵

震源机制台阵[7]用于提供靠近强烈地震震源区的数据。这些记录提供了震源关于断层方向、破裂速度和跨过断层的平均滑移，以及破裂的持续时间等特征。震源机制台阵布设可用来回答以下问题：震源破裂的发展速度怎样？加速度伴随方位如何变化？地震动的最大值在断层上还是距离断层一段距离？根据维护的时间和灵活性，台阵通常可分为固定台阵和流动台阵。对于固定台阵而言，通常布设在未来一段时间内可能发生 7～8 级地震的区域内。这种台阵一般沿地表布设，最好在几千米的深度上也布设一些井下加速度计，从而获取尽可能多的震源细节。在地震发生后，可在很短的时间内在极震区布设一些规模较小的流动台阵，用于记录主震后的余震。其优点是信息反馈效率较高，机动性较强。流动台阵所记录的6～7级的余震可以提供重要的震源信息，是固定台站的有力补充。流动台阵取得数据的周期较短，而固定台阵取得数据的周期相对较长。

通常按照发震断层的3种形式来布设台阵：①走向滑动型断层，其特点是断层两侧岩层的相对运动以沿地表破裂的走向为主，从空中向下看地表，若相对滑动是顺时针，则为右旋，反之为左旋；②逆冲滑动型断层，若断层面倾角大于45°，则称逆断层；③倾向滑动型断层，其特点是断层两侧岩层的相对运动以沿断层面向地下倾斜方向滑动为主，若断层的上盘块体相对下盘做向下滑动，则为正断层，反之为逆断层。若断层两侧相对位移既有走向滑动又有倾向滑动，则为斜向滑动断层[1]。

震源机制台阵要求把所有仪器尽量布设在同一种具有代表性的基岩（暴露于地表）上，其目的是为了将与震源无关的影响因素降低到最小，例如传播途径和局部场地条件，由测得的近断层地震动记录推算主要的震源特性参数，进而求得震源机制与地震动特征的关系。如果难以找到这种理想的场地，则需要找到替代场地，但是需要估计出由此对震源机制测量所带来的误差。

（1）走滑震源机制台阵。

对于具有显著走滑震源机制的场地，断层线性尺寸可达几百千米，由于有可能发生8级地震，因此，建议走向滑动型断层台阵用梳子状地表台阵，标准的震源机制和波传播台阵设计如图1.2所示，由100～200台三分量加速度计组成。为了减小局部场地和传播路径的影响，通常一排地震动台站要平行于断层布设，避开断层的破碎区，但要尽可能靠近断层。断层一侧大约有一半仪器沿直线布设，仪器平均间距约为10 km。为了能够测量和分辨各个破裂过程的时间分布以及地震动衰减情况，余下的仪器从垂直断层延伸出一些“齿”状布设，这些“齿”从40 km至100 km线性展开，其中较长的“齿”主要用于研究路径效应。当断层两侧场地条件相同时，产生的地震动应该对称于断层，沿走向滑动断层布设的地震动台阵往往只布设在断层的一侧。当断层两侧场地条件明显不同时，应该延长梳状台阵中的若干“齿”，垂直断层的测线延长到断层的另一侧。另外，也可将测线上一些仪器安设在断层的破碎区内，既可用来估计“断层泥”这种局部场地条件对于地震动的影响，又可用来确定加速度最大值的位置。

（2）逆冲震源机制台阵。

逆冲滑动型断层具有几百千米的线性尺度，可以产生8级地震。表面断层的地理位置只允许在断层的顶壁断块（上盘）上布设仪器。建议由间距大约为20 km的50～150台仪器构成二维窄带台阵，标准的震源机制和波传播台阵设计（俯冲逆冲断层）如图1.3所示。仪器的间距由破坏型的浅源震源深度决定。地形通常允许布设又窄又长的台阵，可以扩展500 km，以便于捕捉断层破裂传播的震源特性。如果地形允许，可以在垂直断层方向上延伸出两只“胳膊”，用于研究远离破裂带的地震动衰减。

（3）倾滑震源机制台阵。

对于倾向滑动型断层而言，大多数的断层长度要短于走向滑动型断层长度，最长的也不过几十千米，可以产生7级地震。这种类型断层比较多，通常靠近或直接位于都市区域的下面，因此，对于结构的威胁仍比较大。由于断层发生突然破裂引起岩体错动时，位于

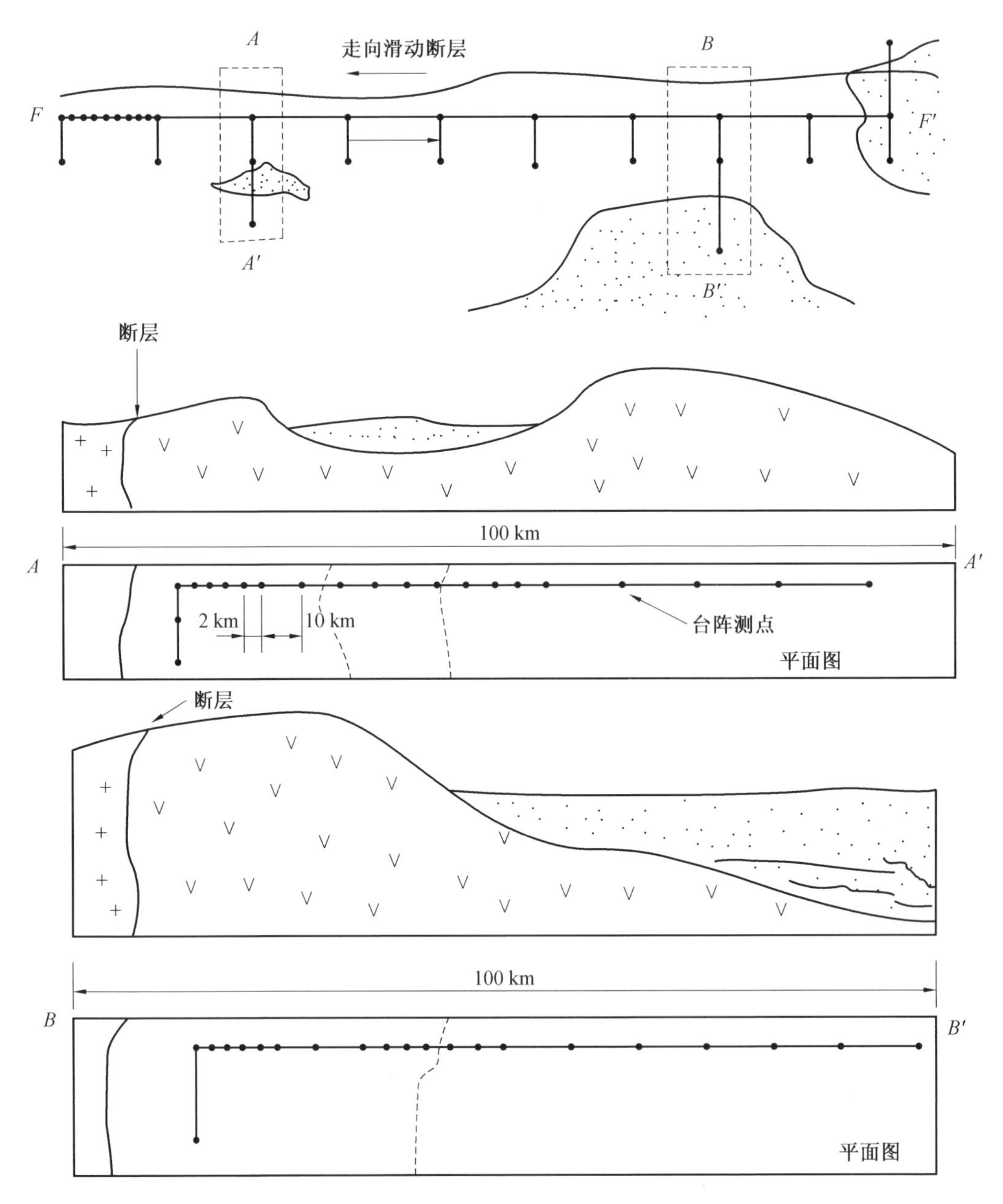

图 1.2　走滑断层标准的震源机制和波传播台阵设计

(断层两侧不同符号用于区分不同地质条件,以下同)

断层两侧的岩体运动并不对称,如图 1.4 所示,在研究该断层的震源机制时,需要将地震动台阵布设于断层的两侧,其宽度相当于断层长度,形成一个二维矩形网格式台阵。三分量加速度计布设于网格的交点上,仪器的间距主要根据预计的地震震级、震源深度、场地情况和仪器特性等判定。一般,靠近断层边缘的仪器间距可小些,约为 2 km;离断层远的仪器,间距可大些,但应控制在 10 km 以内。该台阵布设的目的是确定上盘的地震动是否不同于下盘的地震动,并比较地震动沿着断层走向和沿着断层破裂方向的加速度大小。

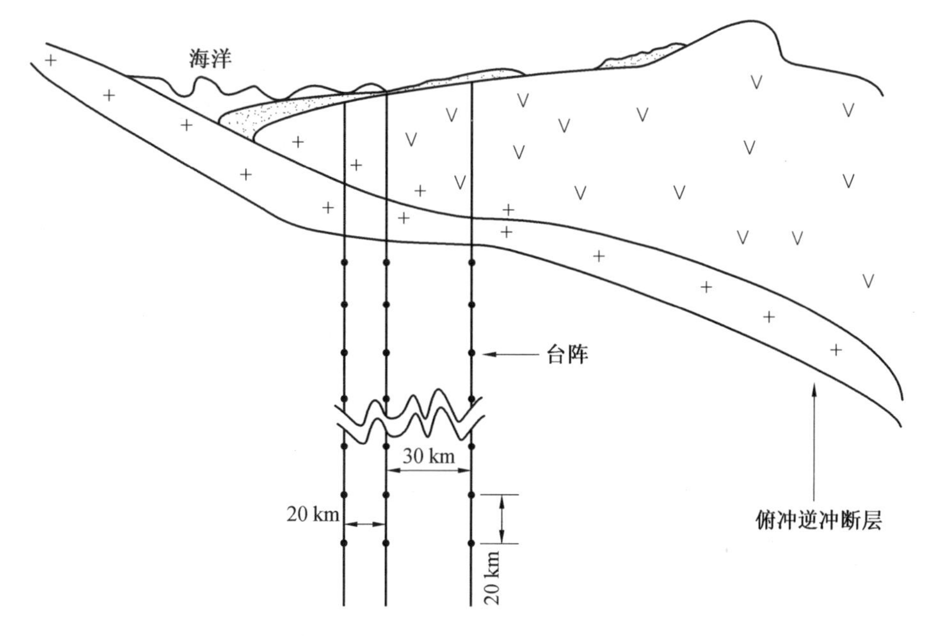

图 1.3　俯冲逆冲断层标准的震源机制和波传播台阵设计

该类型断层与基岩接触时通常产生沉积盆地。图 1.4 中密集的台站群就是为了详细研究地震动关于这种过渡的影响。对于具有明显逆冲震源机制的场地，建议地震动台阵由 50～150 台强震仪组成。这些仪器将沿着断层按 2～3 条平行线布设，平均间距为20 km。对于具有显著倾滑震源机制的场地，建议用二维台阵形状，大约由 100 台仪器构成，间距为 2～10 km。对于选定的观测场地来说，尽管布设了固定台，但是在几十年内记录不到大地震的可能性很大，因此为了弥补固定台站的不足，应配备由大约 50 台三分量强震仪组成的流动台阵用于震源机制研究。

2. 传播效应台阵

确定由地震波产生的地震动的特性是地震工程学中一个十分重要的问题。研究表明，地震波的传播路径和局部场地并非均匀。地质构造对地震动特性产生重要的影响，这种影响极为复杂，其复杂性依赖于地震波体波和面波的散射、反射、聚焦、散焦、干涉和衰减情况。因此，布设一定数量的传播效应台阵对于研究传播途径(实质就是地质构造)对地震动的影响很重要[7]。

传播效应台站可用于研究各种典型的均匀地质构造条件，确定距发震断层 100 km 范围内，频率 0.1～30 Hz 范围内的地震动与频率和距离的关系；确定传播介质周围几种简单的侧向不均匀体对地震动特性的影响，这些不均匀体包括：地震波以各种入射角进入沉积盆地的界面，两种不同特性的地壳材料间的交界面，传播途径上的横卧大山和深波导的影响等；确定传播介质周围的复杂不均匀体对地震动的影响。

传播效应台阵常设计成与发震断层垂直的直线型测线，也可设计成围绕震中区的放射状测线。测线长度依据未来地震的震级大小确定，一般取 100～150 km。测点间距以 2～10 km 为宜，在靠近断层和震中区的地方间距可变小，距断层和震中区较远处间距可逐渐变大。图 1.4 为标准的震源机制和波传播台阵设计(倾滑断层),从震源机制台阵中增加延长的“腿”可以作为传播效应台阵,其中一些仪器也可以在一定情况下用于局部场地效应的研究。这些台阵通常由 10 台加速度计在 100 km 范围内做线性分布。

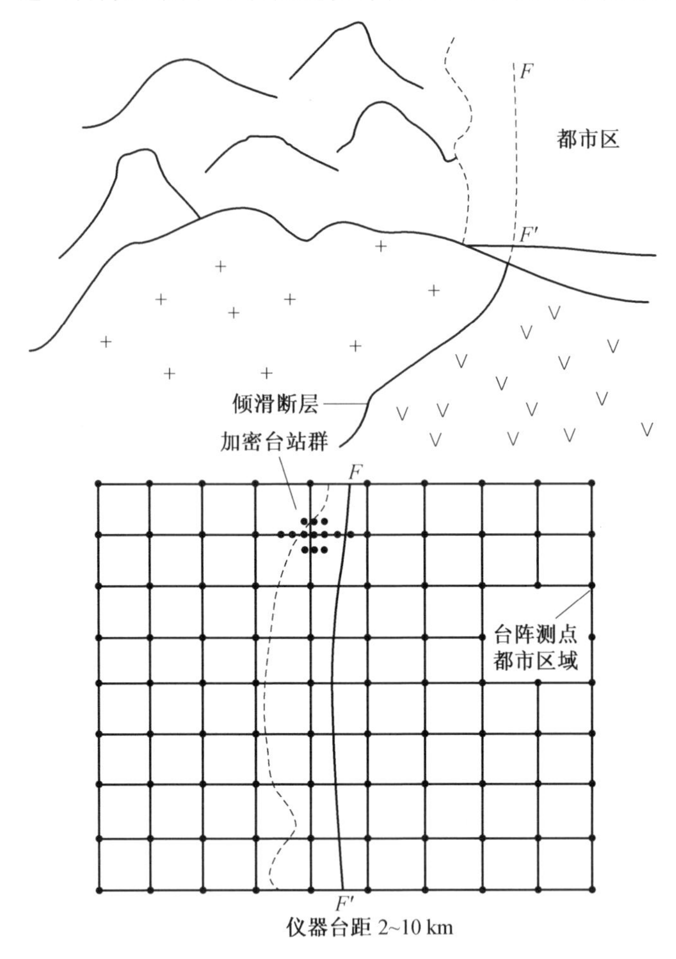

图 1.4 倾滑断层标准的震源机制和波传播台阵设计

布设传播效应台阵时,应该避免其他因素的干扰。为防止台阵中各测点受到震源的影响,需保证各测点相对于震源保持在同一方位上;为防止局部场地影响的干扰,应选择具有代表性的典型基岩场地作为测点。如果难以找到这种理想的场地,则需要找到替代场地,但是需要估计由此所带来的差异。仅仅通过固定台站获得的数据来全面地研究传播效应可能比较困难,主震后流动台站的布设可以弥补这种不足。

3. 局部效应台阵

关于局部效应的定义,从地震工程学研究最感兴趣的频率范围出发,约定局部场地条件是指能对频率 1 Hz 以上的地震动分量(大致相当于波长在 1 km 以下的地震波)产生影响的场地因素[7]。局部效应台阵与传播效应台阵的不同就在于规模的不同。传播效应台阵规模较大,几乎包括了从震源到所研究的特定场地之间的大块地质构造。相比之下,局部效应台阵规模较小，常常局限在地区性的地表范围内，甚至只局限于建筑场址的范围内。

大多数情况下，对于建筑结构设计地震动的规定，通常没有考虑建筑所在场地地震动的变化。这样处理，对于一般结构来说已经足够了，然而对于核电站、桥梁、大坝、生命线等大型或延伸结构，对于地震动的完整描述不仅仅涉及特定点上的地震动特点，还涉及不同点之间可能导致的摇摆、扭转或相对平动，很有必要考虑土体各点之间的差动，也就是考虑地震动之间的水平梯度。对于嵌入式结构，垂直梯度也很重要。另外，还有一些重要工程问题，如地形地貌、土壤结构、土一结构相互作用影响、土壤的液化和长周期地震动特性等的资料不全面，可以通过局部效应台阵获得的数据来完善这些资料，充分理解地震动的特性及其受到当地各种因素影响的方式。局部效应台站可用于研究地震动的变化梯度、土一结构相互作用和不同局部土质条件对地震动特征影响的差异等。鉴于以上需要，建议布设4种类型的局部效应台阵：局部试验台阵、场地影响台阵、单元台阵和专用台阵。

(1)局部试验台阵。

局部试验台阵的构想来源于获得局部区域上地震激励的空间分布的设想，主要用于改善和验证自由场理论分析模型，以及用来进行非均匀场地条件分析和推算土一结构相互作用，还可以提供关于地震动差动和扭转的研究。该台阵的选址应该慎重，理想状态下，该台阵应建立在附近有大尺度的自由场环境中，并且可以利用附近的地震网络。

局部试验台阵是相对复杂的台阵，主要目标在于：

①在广阔的局部区域上测量详细的地震动信息。这种数据用于经验公式中，用来验证能容许各种类型、频率、方向和相位地震波输入的理论模型。

②确定台阵区域内各点间的相对运动。具体的物理参数有相对位移、轴应变、剪应变、旋转地震动(扭转和摇摆)。

③将得到的加速度数据直接用于地震工程设计中，作为现有数据的补充。这种信息比较珍贵，在于可以通过地表和地下密集的强震仪得到可以比较的数据，用以说明地震波穿过场地的传播特性，验证计算地震波穿过场地的传播理论。

关于选址，要求熟悉场地的地址、岩土情况以及周围环境，另外场地要尽可能具有典型性，以便所得到的数据可以为其他场地提供参考。在满足以上要求的前提下，场地应该具有以下两个一般特性：①介质均一，方圆2 km^2 的面积内，从地表到地下重要的深度范围内，介质要均一。从地表到100 m深度范围内的剪切波速从200 m/s增长到600 m/s，随着深度的增加，剪切波速增大。②基岩上土，方圆至少2 km的面积内，在深度30～100 m范围内，土的剪切波速由200 m/s逐渐增加到500 m/s。下面的基岩剪切波速应该大于1 000 m/s。不可否认，这种理想场地很难找到，但是通常还是可以找到具有一般特性的场地。在设计台阵时，应该避开介质倾向于严重集中或发散的场地。在研究数据时需要考虑地下水位，对于均匀介质的场地来说，希望地下水位在仪器下方具有一定深度。场地应该选择人烟稀少的地方，当然不包括大的结构。想要研究土一结构相互作用，台阵之外安装了强震仪的结构可以提供这方面的信息。

参考震源机制台阵和地震波传播台阵，对于走滑和倾滑断层来说，前两个固定台阵应该位于距离断层区10 km到4倍震源深度的位置上，至少可以经常记录到峰值加速度为

0.05g的地震动，并且保证在可接受的时间内记录到主震的地震动。对于一个独立的断层，可以布设两个局部试验台阵，同一个震源机制在两个不同台阵记录到的地震动信息可用于研究不同地质条件对于地震动的影响。从台阵选址来看，如果台阵能够捕获几个断层的数据信息，则选址的价值更高。出现有研究价值的地震时，台阵的选址也应该保证，可以方便地在固定台阵的周围布设便携式强震仪用于确定周围自由场环境。

局部试验台阵还能提供关于地震动渐变和地震波穿过局部场地特征的数据，局部场地的线性尺寸相当于通常地震波波长范围的建筑场地(面积约1 km^2)。台阵设计深度一般应在地表以下100 m。每个台阵由25～40台仪器分布组成，仪器用来测量扭转和相对平动位移，也测量加速度，要求仪器具有一致的时间轴且同步触发。在这个振动水平上，仪器必须有充足的分辨率；另一方面，仪器也必须能记录到可能出现的非常强的地震动。局部试验台阵可单独存在或与震源机制和地震波传播台阵结合一起使用。

(2)场地影响台阵(简单扩展台阵)。

简单的扩展台阵是相对较小的台阵，这种台阵由具有一致的时标和同步触发的6～12台仪器组成。该台阵用于研究不同地点地质和地形对于地震动的影响，设计用来测量地震波穿过局部土层、地理或地质环境系统的变化，主要致力于确定各自的地震动以及相对运动和应变，与地表和井下台阵同时使用。该台阵的一个典型例子就是穿越山谷布设一系列台站，记录各测点地震动的变化。该台阵除了使用三分量强震仪外，还使用扭转仪，用于测试关于地震动扭转的信息。目前，已经建了很多用于观察土层放大效应的台阵，主要分布在日本。而对于峡谷、表面地貌和其他不均匀介质的研究很少，因此很有必要加大这一领域台阵的投入。

典型地质地貌条件的合理选择是获得高质量地震动数据的开端，同时也为将来土木工程结构模型的校准奠定了基础。选择包括平坦地貌、峡谷和小山在内的几种地形地貌布设台阵，有利于研究地形对于地震动的影响，简单扩展台阵的地质地貌如图1.5所示。

几种典型类型的简单扩展台阵设计，分别如图1.6～1.9所示。其中，图1.6与图1.7分别对应于窄和宽的山谷台阵的设计，两种情况下的台阵颇为相似。其中，R是距离山谷中心线一定距离的参考台站，在条件允许的情况下，参考台站可以作为大的震源机制台阵的子台阵。强震仪C在山谷的中心线上。S是研究场地局部效应的子台阵，主要用于提供区域边缘的记录。宽山谷中的强震仪I用于研究与端部效应相关的衰减。图1.8对应于小山或隆起地形的台阵设计。R是距离小山底部一定距离的参考台站，在标准条件下，地震动在C处放大，A处衰减。图1.9对应于较深峡谷的台阵设计，其强震仪的布设类似于小山或隆起地形的台阵设计，台阵规模比较小。另外，关于地表台阵的布设，主要用于研究地震动的相位差和应变，用于生命线和平面扩展系统的设计，可采用5～10台强震仪沿直线布设，主要根据地震波的主导类型、传播方向以及工程上所感兴趣的波长来确定布设方向及仪器间距，可以采用变化的间距，但是间距不能超过1/8波长。以上台阵设计，强震仪需具有充足的分辨率，2～3台同类型强震仪可用于该台阵的机动仪器，根据台阵的初始观测信息重新布设仪器，以便高效率地捕捉地震动信息。另外，由于该类台阵所获得的信息对于地震波到时和相位差的研究很重要，因此建议所有仪器配备合适的设备提供相同的时标。

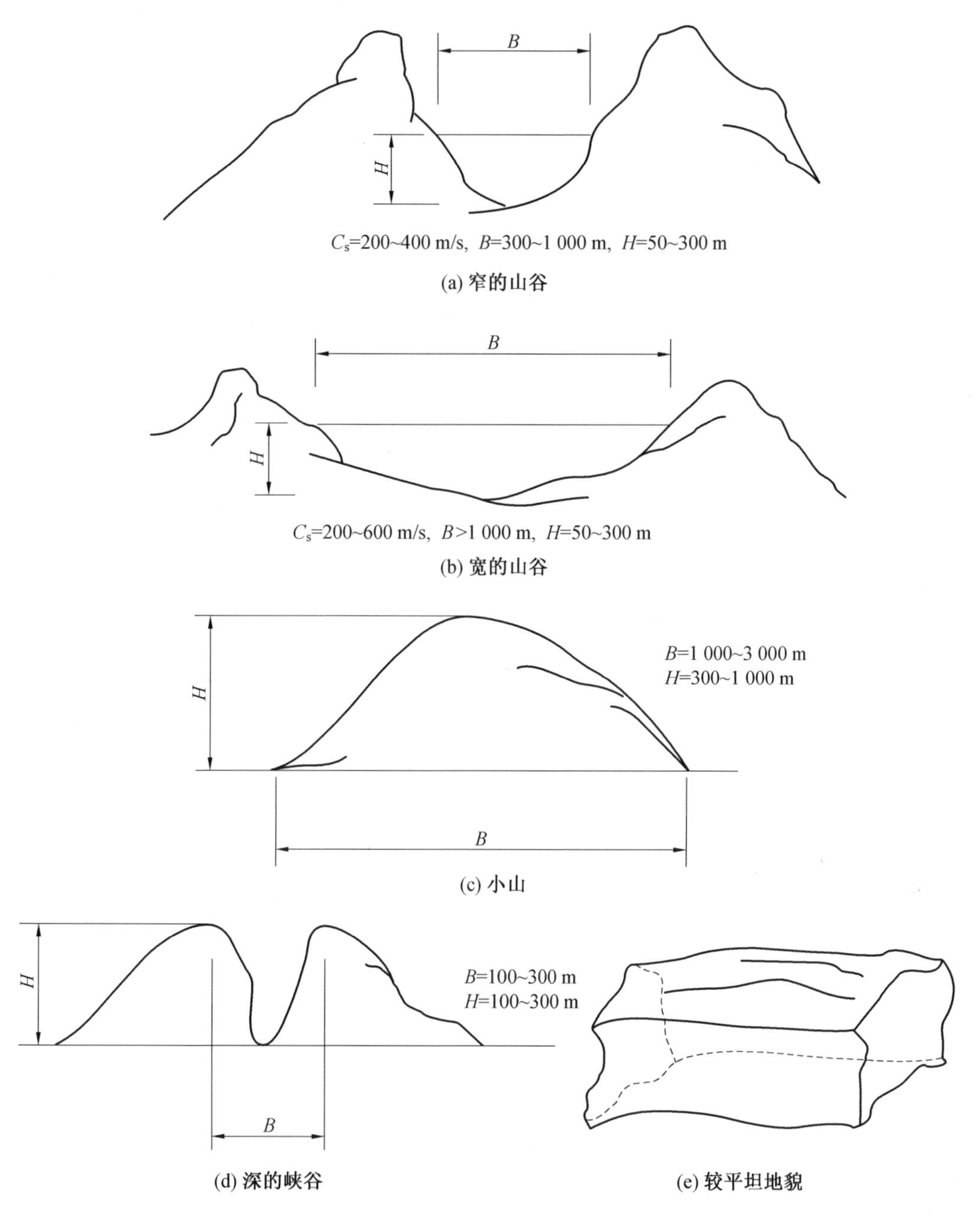

图 1.5　简单扩展台阵的地质地貌

C_s—沉积物剪切波速

从井下仪器获得的地震动信息对于研究建筑结构的振动很重要。主要是因为以下几个方面：①基岩在相对小的距离上，地震动的变化对于空间扩展结构的设计很重要；②对于嵌入式结构的设计，也是基于不同深度上低振动幅值和频率成分的描述；③在地表和地下地震动的同步变化信息，可为场地附近地震波传播模式的数学模型提供参数，也可用于对现有或新出现的模型进行校准。因此，井下仪器应该增加到局部效应台阵中来。

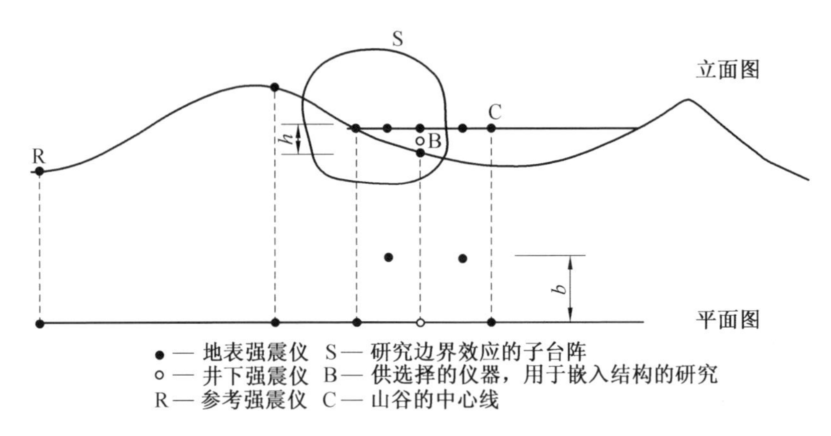

图 1.6 窄山谷的简单扩展台阵设计

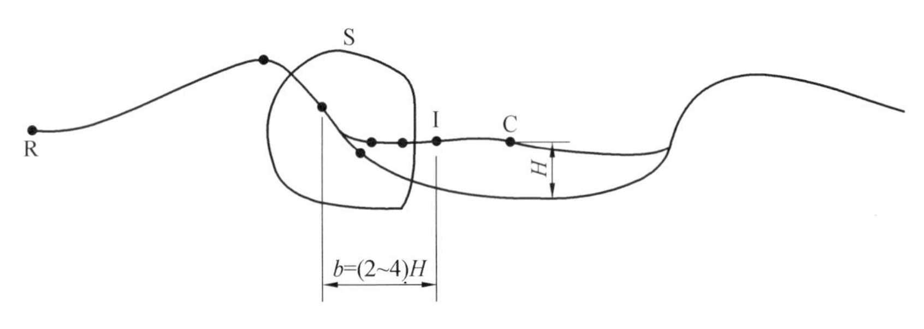

图 1.7 宽山谷的简单扩展台阵设计

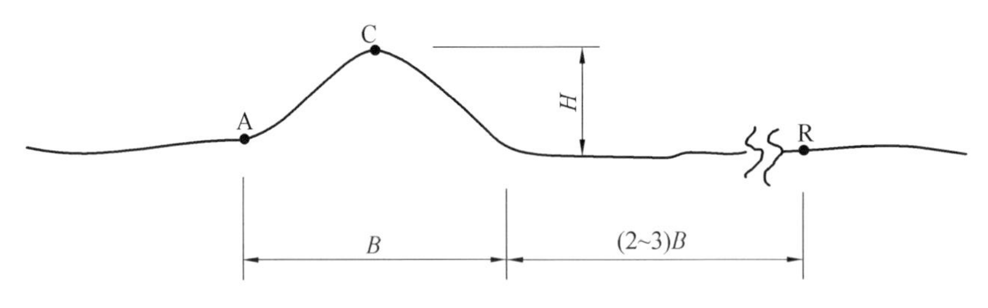

图 1.8 小山或隆起地形的简单扩展台阵设计

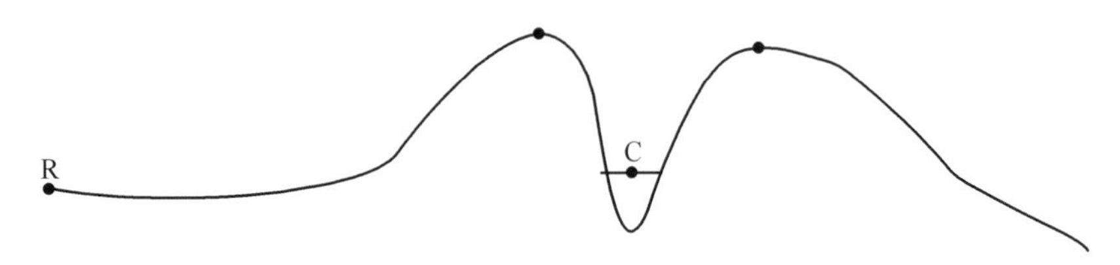

图 1.9 较深峡谷的简单扩展台阵设计

简单扩展台阵获得的数据可用于以下几个方面:①利用数据分析可获得地震动分布。通过加速度谱函数和互相关函数的比较来表达地震动分布。②校准现有地震动模型并发展新的模型,对简化的二维或三维地震波传播、有限元和吸收边界模型的校正提供有价值的信息。局部场地条件的影响主要依赖于输入地震波的类型和方向。能量由震源到场地传播的一般模式与用于研究局部效应的工程场地模型有很大的关系。由此,建议每个简单扩展台阵至少有一个基岩台要远离不规则的场地,此台用于研究大规模波的传播。

(3)单元台阵。

单元台阵用于提供关于局部效应的数据,不包括局部试验台阵或简单扩展台阵上的局部效应。该类台阵根据局部场地条件、现存的其他仪器和尚待解决的技术问题来布设台阵。在两种典型情况下需要安装单元台阵:其一,建立永久台阵用于测量大地震事件的震源机制,可补充研究局部场地效应数据的不足;其二,弥补一个区域上其他台阵不能覆盖的地震动测量。单元台阵可以补充震源机制台阵,即便场地超出了局部试验台阵或简单扩展台阵覆盖的范围,附加单元台阵可以联合固定台阵丰富地震动数据。由于单元台阵造价相对较低,分布广泛,所以获取地震动信息的机会比较高。单元台阵的类型主要有5种:①由3台强震仪构成的地表三角形台阵,间距大约为50 m,加速度计需有相同的时标,一致的触发或计时可以提高对记录解释的质量,该台阵可以提供关于局部地震波传播影响和局部相对运动的数据。②由两台强震仪构成的台阵,一台仪器位于露出基岩的部分或者岩体内部,另一台仪器位于土层上,可以提供关于土层放大效应的数据,该台阵可以作为大台阵的一部分,用于其他研究。③强震仪可位于深度小于100 m的沉积岩上,或作为大的台阵一部分安装于附近地表,该台阵联合大的台阵用于测量靠近发震断层地震的影响。这种发震断层台阵可放置于地表以上,附加仪器可放置于一定深度,用于测量局部放大效应。④围绕局部试验台阵在地表布设地震动台阵,间距为几千米,需要统一的时标。⑤台阵布设于结构内部或附近。如果布设于自由场或结构中的强震仪,在强地震的作用下能够同时计时和触发,则所捕获的地震动信息比较有价值。

单元台阵相对简单,安装方便,成本较低,可以为局部地震波的传播、聚焦效应等地震工程问题提供珍贵的数据资料。现有的地震动台阵都可以作为单元台阵的有益补充。在设计该类型台阵时,应先搞清场地的地质地貌特性,当台阵的布设与结构物相关时,应掌握结构的动力特性及工程计划。

(4)专用台阵。

专用台阵有两种类型:一种用于研究土-结构相互作用,另一种用于研究砂土液化。

第一种类型台阵从局部试验台阵获得地震动信息可以实现对土-结构相互作用现象的量化理解。通过对一个或多个级别大小相当的地震记录的分析,建立未来地震在同一场地上的期望运动场。在该场地范围内,可以建设简单的结构,合理地布设仪器,用于记录未来的地震信息。通过简单的自由场台阵(可能一台强震仪)和重要的结构台阵(可能一台或两台强震仪)记录的数据,来验证通过土-结构相互作用试验获得的数据,进而验证理论分析的正确性。将仪器布设在地震区的一些有代表性的结构上,可以高效地收集结构的地震反应数据。以下3种类型结构的基础适合于研究土-结构相互作用:轻质刚性基础原型、带有刚性地基和大块上部结构的1/10尺度简单结构基础和埋于土下的扩展线性基础。

第二种类型台阵主要用于获得完全饱和或部分饱和砂土的场地加速度和孔隙压力时程,特别对中等或密实的砂土来说尤为重要。用于原位砂土液化研究的台阵是最简单的,它由一台或两台强震仪和压力计组成,仪器放置于同一封闭的井下的不同深度处,同时记录地表加速度时程和孔隙内压力时程。该种台阵的设置位置要求饱和砂层的厚度至少有3 m,同时要求埋深不超过15 m。放置仪器的砂层密度应优先考虑中等、中等到密实、松散到中等。尽管多数研究者认为，目前的场地试验、实验室程序和数值分析技术可以识别松散砂子的液化程度，但由于中等和密实的砂子中存在很大的不确定性，大量经验表明，实验室的结果往往令人质疑，直接从液化台阵得到的现场数据相对比较客观，可以为以下问题的研究提供数据基础：①给出砂土液化势和现场地质参数的相互关系，如贯入阻力、地质成层情况和粒径分布等；②给定矿床液化空间扩散的过程，土地质参数和地质成层与液化出现最大深度的函数关系；③给出孔隙压力和加速度时程的关系；④从三维角度分析矿床地震诱发孔隙压力的产生和扩散；⑤检验预测地震动结束后附加孔隙压力的产生和扩散情况的有效性。利用台阵记录对砂土液化的分析，完善现有理论。

液化台阵通常由一些井下台阵构成，标准液化台阵设计如图 1.10 所示。通常最大的液化深度在 20～30 m 范围内，所以井下深度应该在 10～30 m 间跨越。钻孔的底部一般要和具有潜在液化危险的砂土层的底边相齐平。台阵周围的每个钻孔（如图 1.10 中的 2～5）都设置两台加速度计，分别设置在井底和地表，孔隙压力计 3 个，其中两个放置于加速度计的附近，第三个放置于测井的中部。为了得到加速度时程与孔隙压力曲线随深度的变化关系，除了布设与四周测井相同的仪器外，中间的测井还需在中间部位增加1～2个孔隙压力计和加速度计，仪器间距为 3～6 m。为了研究不同测井的孔隙压力时程以及同一测井中孔隙压力和加速度时程的相互关系，台阵中的所有仪器都应该具有统一的时标系统。在进行台阵的选址时，为了使台阵获得的数据具有代表性，需对场地进行详细勘探。选择水平方向上平均密度有明显变化的饱和矿床和砂土，场地面积不应小于 1 km^2。理想状态下，一个台阵在中等砂子上，另一个台阵在密实砂子上，而其他台阵则出现在松散的砂子上。另外，需给出靠近仪器放置处的标准或等效贯入阻力、地质成层情况和粒径分布等重要资料，最终给出的应是一张详细的土层分布图。

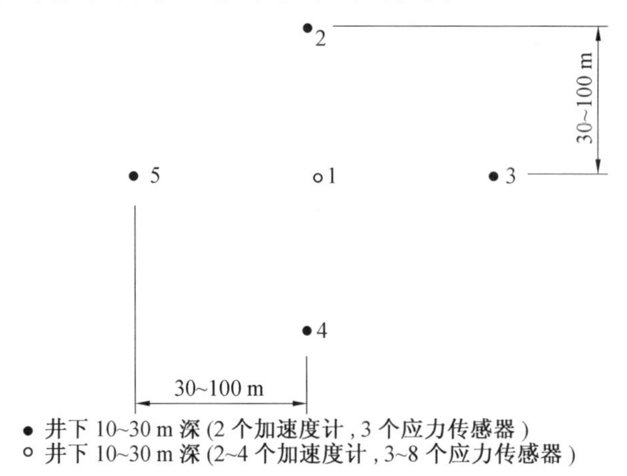

图 1.10　标准液化台阵设计

4. **综合台阵**

综合台阵可以作为震源机制台阵的一部分，成为具有综合性功能的台阵。震源机制台阵用于记录靠近断层（断层距小于 20 km）的地震动，大多数仪器位于基岩上。需要考虑以下规则[7]：

①对于震级大于 M7.0 级，特别是大于 M7.5 级的地震，很有必要测量断层距超过 20 km 的地震动。附加仪器可沿着断层延伸到一定距离放置。其获得的数据连同基本台阵获得数据可以更精确地用于衰减关系的研究。

②结合设在基岩上的震源机制仪器，附加仪器可放置在土层上，用于提供土层改变地震过程的数据。应该优先考虑距离断层最近的场地，沿着断层布设仪器。

③震源机制台阵中应该增加几个简单扩展台阵，用于提供地震时地震波穿过不同结构时关于水平地震动变化的数据。

④仪器应该安装在距离断层 50 km 内，且含有重要结构的城市中，比如大坝、核电站等。另外，还应该布设局部试验台阵和液化台阵。

关于走滑断层局部效应和震源机制综合台阵的设计，如图 1.11 所示，黑的实心点为震源机制台阵中的强震仪。为了研究衰减关系，断层一侧震源机制台阵中线上的仪器应该扩展到 150 km 外。图中展示了局部试验台阵、简单扩展台阵、小的液化台阵和单元台阵分类下的个别仪器。除了断层的消失段不布设仪器外，同样的策略可用于逆冲断层。走滑断层震源机制台阵的附加台阵设计包括：①距离断层 50 km 和 100 km 布设仪器或单元台阵，并且布置在两侧，用于提供超越震源机制台阵控制范围的衰减数据；②在震源机制台阵的土层上布设单元台阵；③在适合的山谷或沉积场地布设一个简单扩展台阵；④布设一个简单的液化台阵；⑤根据局部地质和场地条件，也可在震源机制台阵基础上布设一个局部试验台阵。图 1.12 为局部效应和震源机制综合台阵设计(倾滑断层)。

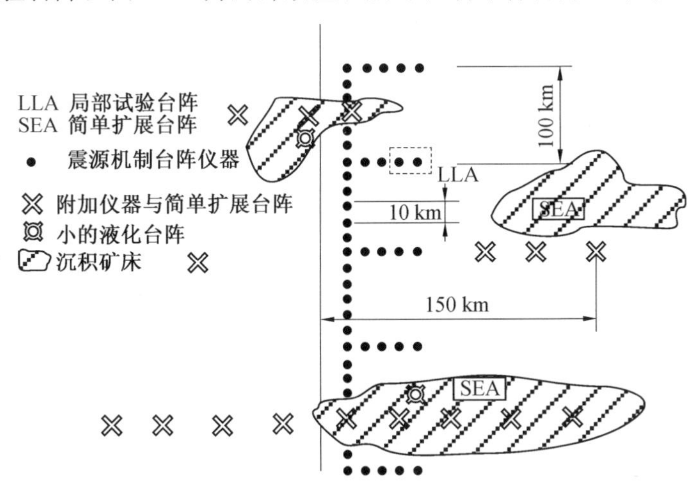

图 1.11　局部效应和震源机制综合台阵设计(走滑断层)

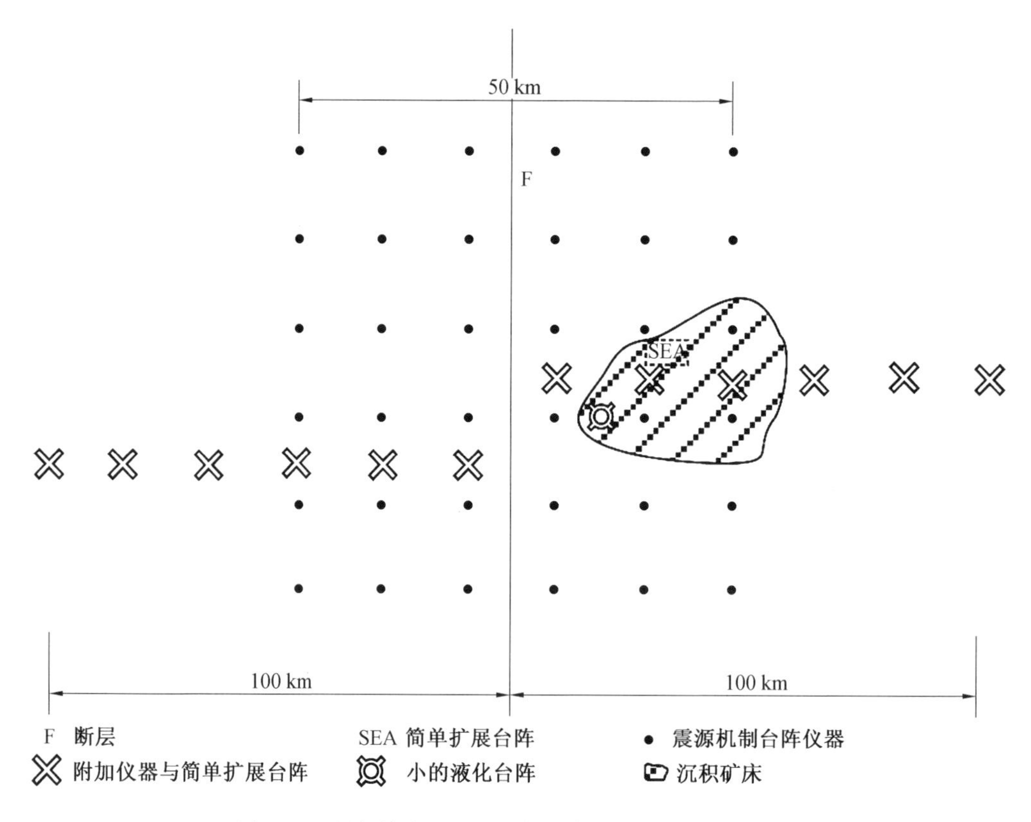

图 1.12 局部效应和震源机制综合台阵设计(倾滑断层)

独立于震源机制台阵的局部效应测量,由于安装并维护震源机制和地震波传播台阵的复杂性及昂贵性,因此该类台阵不常见。地震通常出现在地震危险性较高的区域,即便使用密集的台阵,也很难覆盖所有断层区,可以在这些区域布设简单扩展台阵和单元台阵来捕捉地震动信息。独立局部效应台阵的最少安装方案如图 1.13 所示,其中包括:①6 台仪器用于记录远离断层的地震动,便于确定衰减关系,仪器最好设置在基岩上;②4 台仪器沿着断层布设,尽可能靠近断层,用于捕捉可能出现的强烈地震动,也最好选在基岩上;③3 台仪器布设在靠近基岩的土层上;④3 台仪器位于工程上有研究价值的结构附近;⑤两个或更多由 3 个单元构成的三角形台阵,间距 50 m,应布设在具有不同地质条件的土层上。

图 1.14 为独立局部效应台阵的改进安装方案,其中包括:①为了获得关于衰减信息的数据,一个或多个强震仪安装在距发震断层 10～150 km 的距离上;②一个或多个简单扩展台阵用于研究局部地震波的传播;③在适合的地方布设一个局部试验台阵和一个小的液化台阵;④在工程结构上或附近安装强震仪。

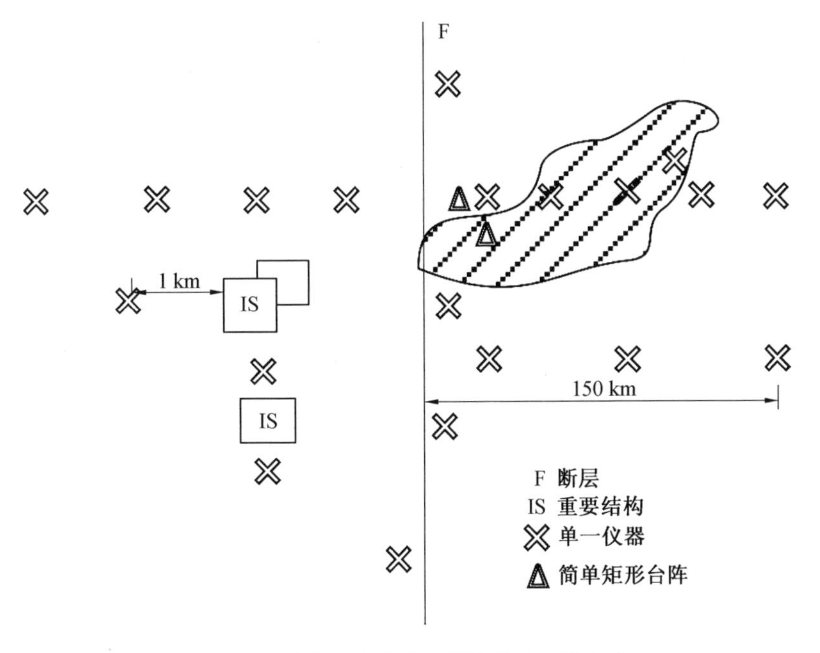

图 1.13　独立局部效应台阵的最少安装方案

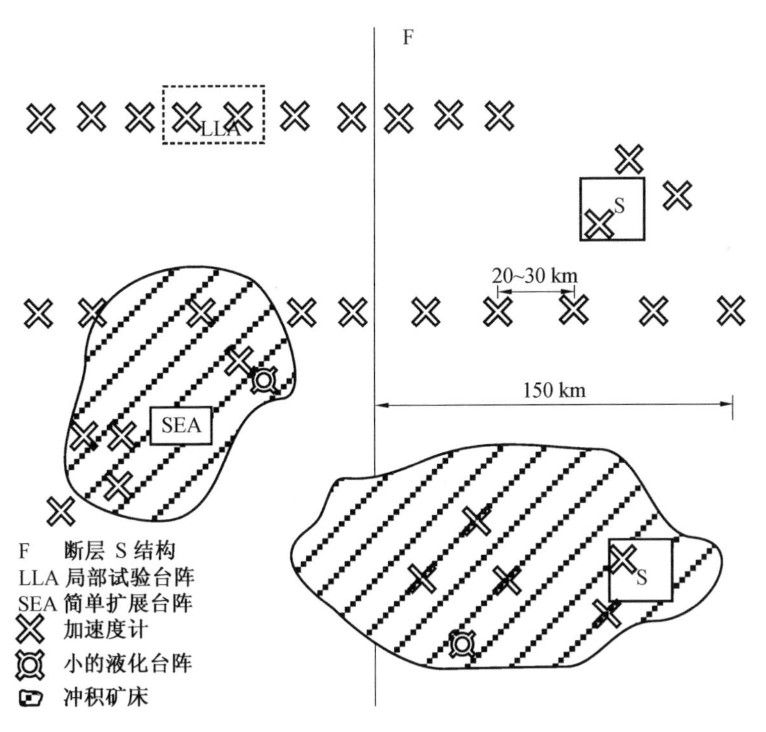

图 1.14　独立局部效应台阵的改进安装方案

1.3.2 我国相关台阵及获得记录情况

1. 中国台湾 SMART－1 地震动观测台阵

差动台阵是在一个小范围的均匀场地内按照一定的规则布设的高密度台阵，用来提供地震动随空间变化的信息[8]。在这个小范围内，各处的场地条件应该基本一致，可以排除场地条件对地震动的影响。台阵的所有台站按照一定间距，呈规则图形布设。

中国台湾 SMART－1(Strong-Motion Array Taiwan Phase1)地震动观测台阵就是具有代表性的差动台阵[8]。该台阵建立于 1980 年，位于台湾兰阳平原上的宜兰县罗东镇，SMART－1 台阵地理位置如图 1.15 所示。在选择可用地震动台阵场地时，遵循了 5 个原则：①未来 10 年内，很有可能记录到地震震级超过 6.5 级详细地震信息的场地；②很有可能记录到地震震级超过 8 级近断层地震动的场地；③很有可能获得来自不同震源机制和地质环境数据的场地；④具有适宜的操作环境的场地；⑤接近具有结构工程意义的重要工业和人口中心的地方。

为充分理解地震能量产生和传播的物理过程，获得地震近断层区域均匀密度台站的地震数据十分重要。这些台阵依据震源类型需要布设成不同的形状。SMART－1 台阵的详细布设如图 1.16 所示。SMART－1 台阵的地质情况：①台阵下 3～18 m 由土沉积物组成，剪切波速为 430～760 m/s；②冲积层为 30～60 m，剪切波速为 1 400～1 700 m/s；③冲积层下面是 170～540 m 厚的更新世沉积，剪切波速为 2 000～3 300 m/s；④基岩主要由中新世板岩、千枚岩和泥岩组成，剪切波速为 3 300～4 000 m/s。第一阶段台阵由 37 台数字强震仪组成，共有 3 个圆圈，半径分别为 250 m、1 km和 2 km，每个圆圈由 12 个等间距台站组成。内圈(I)、中圈(M)和外圈(O)台站编号分别从 1 号到 12 号。圆阵列的全方向特性正好适合在兰阳平原附近强地震发生时震源整体方位角的分布。1983 年和 1987 年的 6 月在台阵的南面与北面又分别增加了 4 个台站，分别为 E01、E02、E03 和 E04。台站设备具有以下特点：①加速度计、记录仪和电池都固定到 10 cm 厚的混凝土板上，并用预制轻质玻璃纤维罩进行保护。②高切滤波器具有 25 Hz 平坦的仪器响应。③三分量力平衡加速度计能够记录±2g 加速度，并且连到数字记录仪上。数字记录仪(型号 DR－100)是低功率数字记录系统，具有 12 dB 分辨率，有大约 2.5 s 的数字延迟记忆器，这个记忆器对于传统的仪器来说是一种重要的进步，保证了初始地震动信息不会像老型强震仪那样丢失。记录使用传统类型的盒式磁带，盒式磁带已经被一些地震学团体应用许多年，并且成功记录到微小地震。④为了保证各子台间仪器触发的同步性，每个 DR－100 有一个单独的水晶钟和提供日、小时、分和秒等信息的时间编码生成器，通过使用便携式时间比较器进行现场手动调节获得高度精确的时间。⑤采样率为 100 次/s。⑥供电来自电池，电池充电来自外部电力。时间回放和比较通过以下方式处理：有一个场地回放系统，允许技术人员在纸上将盒式磁带上记录的信号图形化。加速度计的时钟可以利用时间比较器的区域时钟进行校准，比较器单元通过自身的充电电池获得动力，比较器显示了主要时间、基本时间和相对时间误差。时间比较需做日志，每个台站技术人员一星期至少检查一次，把时钟与格林尼治时间相校核。

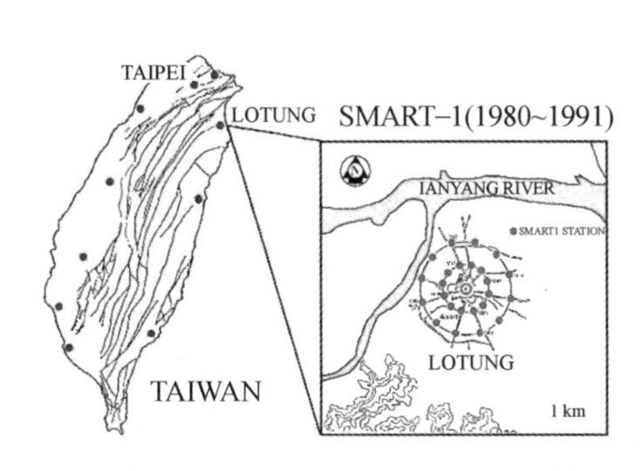

图 1.15　SMART－1 台阵地理位置[8]

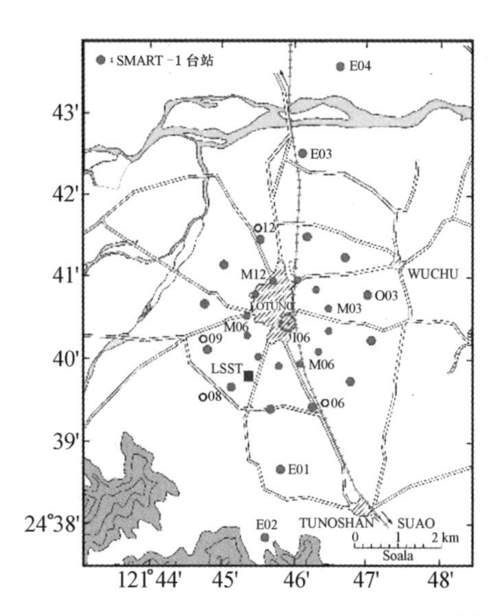

图 1.16　SMART－1 台阵的详细布设[8]

SMART－1 台阵特别设计了实验室回放系统，由数字磁带重现器和带有打印标记的三通道 AC－Powered 图形化记录器组成，用于数字化记录地震动，以地震工程中传统的模拟形式展示一个垂直向和两个水平向。数据处理包括去除毛刺，替换数据缺失和删除平均(直流基线漂移)。在设计 SMART－1 台阵时，为了简化数据处理程序，SA－3000 自振频率为 140 Hz，阻尼比为 0.7±0.2。DR－100 型记录仪有三通道、五阶 Butterworth 低通抗混叠滤波器，截止频率为 25 Hz。在使用这些仪器前，所有组件都必须放于振动台上模拟地震动。台站获得的记录传输到台北的地震研究中心，在回放系统中转化成计算机存储的数字文件，传送到太平洋地震工程研究中心，作为国际的数据存储和研究。地震学家和工程师可按照要求通过台北的地震研究中心或太平洋地震工程研究中心获得这些数据。SMART－1 在 1999 年台湾 Chi－Chi 地震主震和余震中获得了大量高质量的地震动记录，其为世界上高震区地震动台阵的布设提供了很好的借鉴。

2. 中国大陆地震动观测台阵

(1)唐山响堂三维观测台阵。

1994 年 7 月中国地震局工程力学研究所在唐山余震区响堂镇建成了我国第一个三维场地影响观测台阵。该台阵目前有 4 个测点，分别布设在基岩地表、土层地表、地下 17 m和地下 32 m 处[9]。唐山响堂三维场地影响观测台阵为“八五”重点项目，是我国 20 世纪 90 年代初建成的第一个三维场地影响观测台阵。该台阵运行后，获取了一批地震动记录，为进行局部场地条件对地震动影响的研究提供了宝贵的基础数据。另外，为了使台阵更为完整，“九五”期间对台阵进行了扩建改造，增设了一个深度为 47 m 的测井，对钻孔土样进行了土动力学测试，弥补了缺乏详细土层特性资料的缺陷[10]。

(2)通海场地影响台阵。

通海场地影响台阵位于云南通海县四街镇，台阵场地位于杨子准地台西侧的川滇台背斜东南部，地处康滇菱块体东南角，是北西向红河断裂带和南北向小江断裂带的交界地带，分布有数十条断层。区内构造变形复杂，地震活动强度大、频度高，是云南最重要的地震活动区域之一。小江断裂带自1500年以来，发生过8级大地震1次，7级以上大地震4次，6.0～6.9级地震11次；而红河断裂带的红河断裂、石屏一建水断裂和曲江断裂等近于平行排列，自1446年以来共记载有7级以上大地震4次，6.0～6.9级地震10次。台址距离1970年通海7.7级大地震的发震断层（曲江断裂）仅5 km，50年超越概率10%的加速度为0.2g（烈度为Ⅷ度）[11]。

台阵位于通海盆地西侧，由4个测点组成，场地影响台阵测点分布断面示意图如图1.17所示。1号测点布设在盆地西部山麓的基岩露头上，自西向东在不同厚度的土层场地上布设了2、3、4号3个测点，其中3、4号测点各有两个钻孔，分别在地面和井下不同深度布设了3个三分量加速度计，4号测点最深的一个钻孔钻到了下伏基岩层，并在此深度布设了一台井下加速度计。

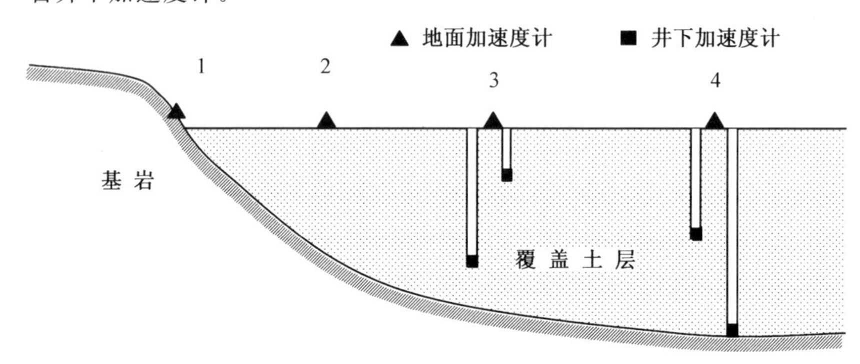

图1.17　场地影响台阵测点分布断面示意图[10]

(3)断层影响台阵。

断层影响台阵的布设目的是为了捕获未来大地震时的近断层地震动记录，用于推断震源参数或研究震源机制对地震动的影响，研究近断层地震动的空间分布特性、断层破裂及其传播的过程[4]。我国云南小江断裂带地震动台阵就是典型的断层影响台阵，其中30个台站主要沿断裂带中南段布设，部分台站布设在断裂带的东侧。

1.4　我国的地震动台网

地震动台网的布设与维护管理是直接获取地震动记录的重要环节，是一项长期性工作。其目的主要是[3]：①采取必要的维护管理技术措施和方法，确保台网中仪器的正常工作，努力提高记录获取率；②正确地使用仪器，对仪器技术性能的稳定性进行研究，确保记录的可靠性；③对记录进行处理和初步分析；④为地震动记录分析提供准确的仪器参数、地震参数和观测对象的基本资料。

1.4.1　地震动台网分布状况

我国的地震动台网设有国家地震动台网中心(中国地震局工程力学研究所负责)以及西南(云南省地震局负责)、西北(甘肃省地震局负责)和东南(江苏省地震局负责)3 个区域地震动台网中心。东北和华北地区的工作由国家地震动台网中心承担,区域包括黑龙江、吉林、辽宁、北京、河北、河南、山西、内蒙古、山东;西南区包括云南、四川、贵州和广西,台网中心设在云南省地震局;西北区包括甘肃、陕西、宁夏、青海和新疆,台网中心设在甘肃省地震局;东南区包括江苏、上海、浙江、安徽、江西、广东和福建,台网中心设在江苏省地震局[4]。

1.4.2　我国的地震动台网中心

中国地震局工程力学研究所地震动观测研究室(国家地震动台网中心)主要开展地震动观测技术、数据分析技术、数据库建设及共享技术和地震烈度速报与地震预警技术研究等任务。其前身是由我国地震工程学奠基人刘恢先院士在 1961 年提议成立的地震动观测研究组,是我国最早开展地震动观测和研究的单位。同时,也是中国地震局地震动观测技术牵头单位、地震预警与烈度速报技术牵头单位、铁道部和中国地震局高速铁路地震安全技术研发组地震系统牵头单位、地震动观测学科组挂靠单位的组织部门。目前主要承担全国地震动观测台网运行维护、地震动观测数据共享、地震动观测仪器检定、首都圈地震预警示范系统运维和高速铁路地震预警系统研发等任务,是拟建"国家地震烈度速报与预警工程——国家技术支持与保障中心"承担单位。谢礼立院士是我国地震动观测与分析领域的奠基人之一,他主持的我国第一个三维台阵——唐山响堂三维观测台阵被国际同行推荐为国际试验台阵,由他研制和开发的数据处理软件经加拿大、日本两次国际盲测会议考核被评为国际上最好的两种软件之一,在地震动观测与分析领域完成了大量工作。

国家地震动台网中心包括 2 个技术系统,即数据回收处理与管理系统和仪器检定系统。数据回收处理与管理系统的主要设备由网络通信设备、服务器、工作站、输入输出设备、供电设备、通用软件等组成的硬件平台和软件环境组成,数据回收处理与管理系统的主要功能是对地震动数据进行汇集、处理、存储、管理与发布。仪器检定系统的主要设备由低频标准振动台和双轴零频廻转平台组成,仪器检定系统的主要功能是对地震动观测仪器进行检定。数据回收处理与管理系统主要包括回收处理子系统、存储备份子系统和管理发布子系统。为实现地震动数据的汇集、处理、颁布及台网档案资料的管理等目标构建支撑平台,包括网络通信、网络安全和供电等平台。仪器检定系统主要由标准低频振动台测试子系统和双轴零频转台测试子系统组成。地震动台网中心还承担台网的地震动观测仪器远程通信检查和每年的地震评比及培训等工作。地震动台网中心为我国地震工程的研究提供了珍贵的海量地震动数据,为土木工程领域和人类在地震中的安全研究做出了卓越的贡献。未来,我国地震动台网还将在特色地震动台阵的布设、地震预警和结构健康诊断等土木工程灾害防御中发挥更大的作用。

1.5 小　结

本章论述了国际上地震动观测台阵布设的意义、原则、布设类型及方法，重点给出了震源机制台阵、传播效应台阵、局部效应台阵和综合台阵的布设方案，并介绍了我国台湾SMART—1地震动观测台阵的设计过程，简述了我国具有代表性的3种地震动观测台阵，介绍了我国的地震动台网分布状况、国家地震动台网中心的职能及未来的发展方向。

第2章　地震动加速度记录处理

2.1　引　　言

地震动加速度记录的大量获得和合理处理是地震工程研究中的重要环节，其合理而广泛的应用日趋重要。数据的合理处理将促进这些宝贵的数据资源在实际应用和研究中的充分利用。目前，国内外获得了大量的地震动记录。采用有效、合理的方法对这些加速度记录去伪存真，以便充分客观地挖掘其中的关键信息，为地震工程研究的快速发展提供高质量的地震动数据已成为当务之急。

本章首先介绍了地震动加速度记录通过滤波、基线校正等来获得理想地震动数据的方法和过程；然后，指出了地震动记录中典型的奇异波形问题，即“尖刺”现象、非对称波形和明显的基线漂移等；最后，针对奇异波形问题分析其产生的原因，并给出判断方法，为筛选高质量的地震动数据提供了参考和依据。

2.2　地震动加速度记录处理方法

地震动信息是地震工程学研究的基础，最原始的量化表达就是由强震仪记录的加速度时程。地震加速度计是记录由地震引起地面运动而产生的加速度的仪器，是地震工程相关领域研究中的首选工具。其所记录的地面加速度时间历程，被称为加速度时程。加速度时程可用于评估地震需求以及工程结构潜在的振动破坏，是地震动研究最直接的信息。但是，无论是模拟记录还是数字记录，都被高频噪声或低频噪声所污染。低频地震波很容易被长周期噪声影响，产生很大误差，如果不进行滤波处理而直接通过积分方法获取速度和位移时程，这种误差在速度和位移中将被放大，位移波形将大大偏离零线，使得计算出的位移大于地震动实际的位移。因此，为了压制地震动加速度记录中的噪声，在处理不具有永久位移信息的地震动记录时，需要分析噪声来源，选择合理的降噪技术，使信号与噪声的比率达到可接受的水平，使得地震动记录在尽可能宽的频带范围内降噪，最大限度地为特定研究或工程应用提供合理的地震动信息。由于高震级地震中的近断层通常存在永久位移，采用滤波的方法处理记录，将削弱永久位移的相关信息，因此对于高震级近断层记录的处理多采用基线校正的方法，避免使用滤波方法，以便获得合理的永久位移。

2.2.1　地震动记录的获得

强震仪根据采集的地震动记录参数的不同，可以分为加速度型、速度型和位移型。早期发展的强震仪属于位移型，根据摆锤自振周期大于地震动周期的原理，该种仪器内部设置了大质量的摆锤，如果要记录长周期的位移记录，要求摆锤的质量也非常大，因此位移型强震仪的布设需要较大的空间，携带起来不方便。伴随着电子技术的飞速发展，强震仪的技术得到了很大的革新，不但具有高分辨率和高动态范围的特点，还便于操作人员的安装、携带和维护。考虑到为便于建立质量与力之间的联系，工程抗震主要还是与加速度直接相关，所以常常采取加速度型强震仪。另外，从数学方面而言，可以避免因对位移二次微分而带来的较大误差，同时，对于加速度数据分别进行一次积分和二重积分所得到的速度和位移，其误差比较小。综合以上几方面原因，国内外地震动记录大多由加速度计获得。

2.2.2 地震动加速度记录的滤波

通常情况，地震动记录中不仅含有地震动信息还含有我们不需要的噪声，对于不存在永久位移信息的地震动记录，一般采用滤波的方式。根据研究的目的，抑制某些频带的噪声频率分量，保留有价值的信号分量，降低甚至消除加速度记录及积分得到的速度、位移时程中明显的基线漂移，从而得到所感兴趣的信号。

1. 滤波原理

滤波器是地震动数据处理中的常用工具，一般采用频域滤波。滤波主要起到滤除地震动信号中的噪声或虚假成分、提高信噪比、突出信号、抑制干扰信号和分离频率分量的作用。滤波的本质就是消除各种对地震动信息造成危害的“杂音”，但实际上是减小长周期和短周期噪声。消除高频（短周期）的滤波称为低通或高切滤波，消除低频（长周期）的滤波称为高通或低切滤波。

以低通滤波为例，如图 2.1 所示，信号进入滤波器后，部分频率可以通过，另一部分则受阻挡。能通过滤波器的频率范围称为通带，受到阻挡或被衰减成很小的频率范围称为阻带，通带与阻带的交界点称为截止频率。由于理想滤波器难以实现频率响应由一个频带到另一个频带的突变，因此通常在通带与阻带之间留有一个由通带逐渐变化到阻带的频率范围，这个频率范围称为过渡带。实际滤波器幅频特性的通带和阻带之间没有明显的界线。一般来说，对于希望保留的频率范围，要求滤波器的频响函数接近 1，而对于希望消除的频率范围，则要求频响函数接近 0。理想的滤波器在通带内响应为 1，通带以外响应为 0，如图 2.2 所示，分别为低通、高通和带通滤波器。但事实上，通带与阻带内的频响迹线总存在一定的波动，分别称为通带波动与阻带波动。通带波动 δ_p 是指与最大增益的偏离，阻带波动 δ_s 是指与零增益的偏离，它们分别对应着通带截止频率 ω_p 与阻带截止频率 ω_s 。通带内最大衰减量即为通带波纹系数 α_p ，$\alpha_p=-20\lg(1-\delta_p)$ ，单位为 dB。阻带内最小衰减量即为阻带波纹系数 α_s ，$\alpha_s=-20\lg(\delta_s)$ ，单位为 dB。阶数为：$N=\lg\sqrt{\dfrac{10^{\alpha_s/10}-1}{10^{\alpha_p/10}-1}}/\lg\lambda_s$，$\lambda_s=\Omega/\Omega_p$，$\lambda_s$ 为归一化后频率，Ω 为实际频率，Ω_p 为通带上限角频率[12]。

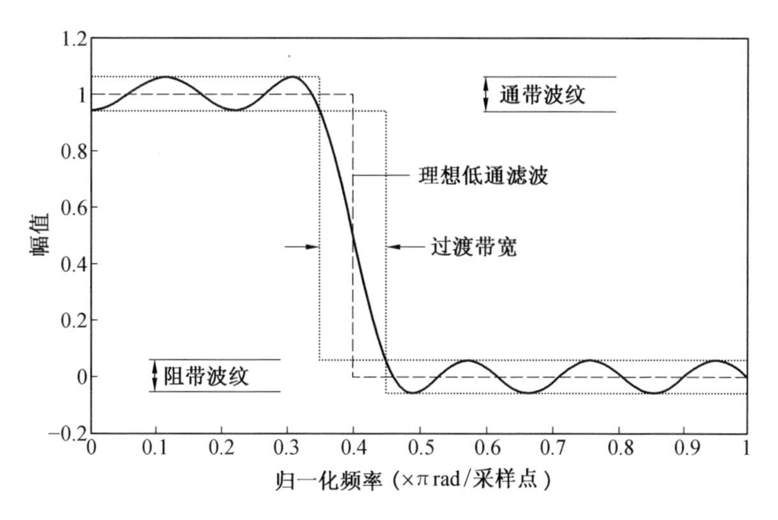

图 2.1　低通滤波频响函数[12]

滤波的整个过程可通过传递函数与原始时间序列的卷积在时域中进行滤波，也可通过原始时间序列的傅里叶幅值谱与频响函数的乘积，然后再进行傅里叶逆变换得到频域滤波后的校正时程。

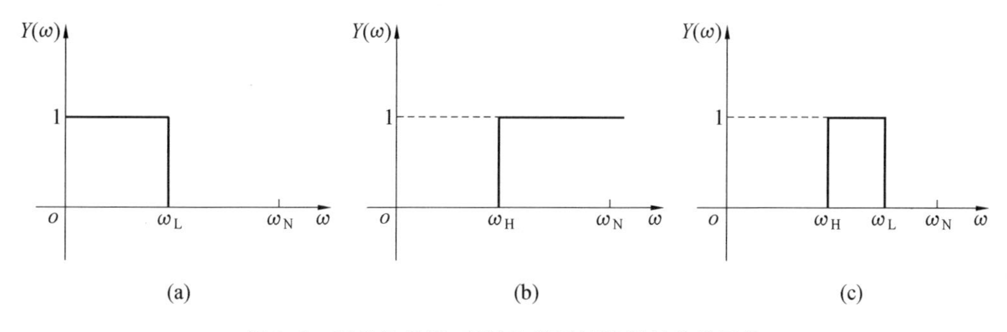

图 2.2　理想的低通、高通和带通滤波器的传递函数

2. 滤波器的选择

对于数字滤波器选择的范围比较广，例如可以采用 Bessel、Chebychev、Butterworth[13]、Ormsby[14]、Elliptical[15]用于地震动加速度记录的滤波处理。按照欧洲地震动数据库的在线文件[16]，Butterworth 滤波器具有最平坦的带通幅值响应。另外，时域中的脉冲响应行为要好于 Chebychev 滤波器，滤波器响应的衰减部分要好于 Bessel 滤波器。因此，与其他滤波器相比，Butterworth 滤波器的选择更加合理。双边 Butterworth 滤波器频域的滤波响应如图 2.3 所示，滤波器的截止频率为 0.05 Hz，对于周期高于 20 s 的频率部分将从数据中滤除。3 条不同的曲线代表了滤波器不同的阶数，阶数越高，曲线滚降的速度越快，快速的滚降会导致激振效应(Ring Effect)，这是地震动数据处理中不希望看到的[17]，因此滤波器的阶数也不宜过高。Trifunac 等人[14]研究了地震动信号的各种噪声部分，发现大多数噪声都集中在信号结束的高低频部分。一个比较合理的降低噪声的方法就是在信号适合的高低频之间进行带通滤波，可以认为带通滤波后的信号一定程

度上代表了真实的地震动，理想的带通滤波器在指定的频带范围内应该有一个零过渡带宽的截止频率，希望这种滤波器的脉冲响应函数无限长。研究人员已经设计了多种方法来接近理想滤波器行为的系统，为了使该想法成为现实，很有必要提供非零宽度的过渡带，这个过渡带在截止频率处响应平滑地由通带下降到阻带。另外，频响误差的容忍度也需要在整个频带范围内进行描述。无论是模拟地震动记录还是数字地震动记录，带通滤波是一种削弱低频噪声和高频噪声的有效手段。

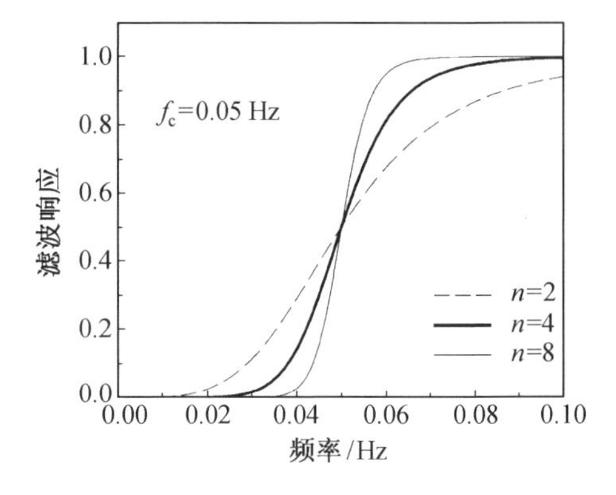

图 2.3　双边 Butterworth 滤波器频域的滤波响应

3. **截止频率的确定**

我们希望能找到大量这样的地震动记录，在不滤波的前提下，通过积分所得速度和位移时程的基线发生微小漂移甚至是不发生漂移，然后分析并统计其加速度傅里叶幅值谱的特性，从而作为判断高通截止频率的客观依据，减小甚至避免截止频率选择的主观性，需要根据研究目的不同在高精度和宽频带间有一个妥协，但仍然需要不断修正截止频率直到计算的速度和位移比较合理。通过研究日本东海岸 M9.0 级地震中的地震动记录，发现 K－Net 地震动台网中台站代码为 AOM009[18] 的 EW 向地震动记录在仅做加速度基线初始化的前提下，就可获得合理的速度和位移时程，该台站地理坐标为 E141.373°，N 40.967°，距离该地震动台站约为 488 m 处有一 GPS 台站，地理坐标为 E141.367°，N40.968°。震后 5 min 的同震位移为 EW 向 18.8 cm，而由地震动记录得到的残余位移为23.32 cm，相差不到 5 cm，地震动时频分析如图 2.4 所示。另外，9.21 Chi－Chi 地震中也出现了理想中的记录[18]，分别如图 2.5 与 2.6 所示。可以发现，傅里叶幅值谱在不大于 0.1 Hz 的低频段呈现出整体下降趋势。然而，如果加速度记录仅做基线初始化后而不滤波，得到的速度和位移时程发生明显的基线漂移时，其加速度傅里叶幅值谱在低频段则会出现尾部翘起的现象，如图 2.7 所示，说明该部分已经被噪声所污染。

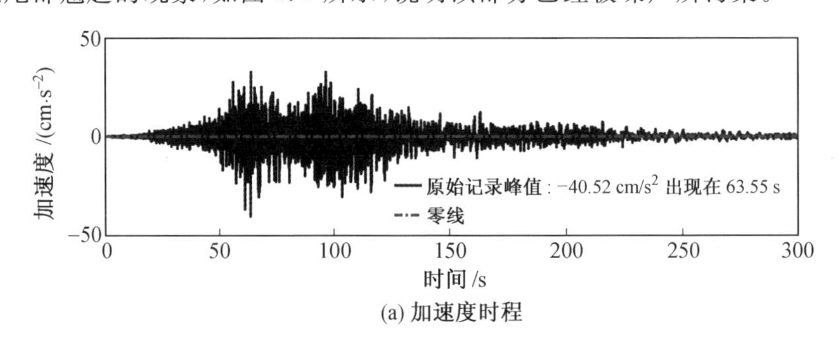

(a) 加速度时程

图 2.4　地震动时频分析(AOM0091103111446.EW)

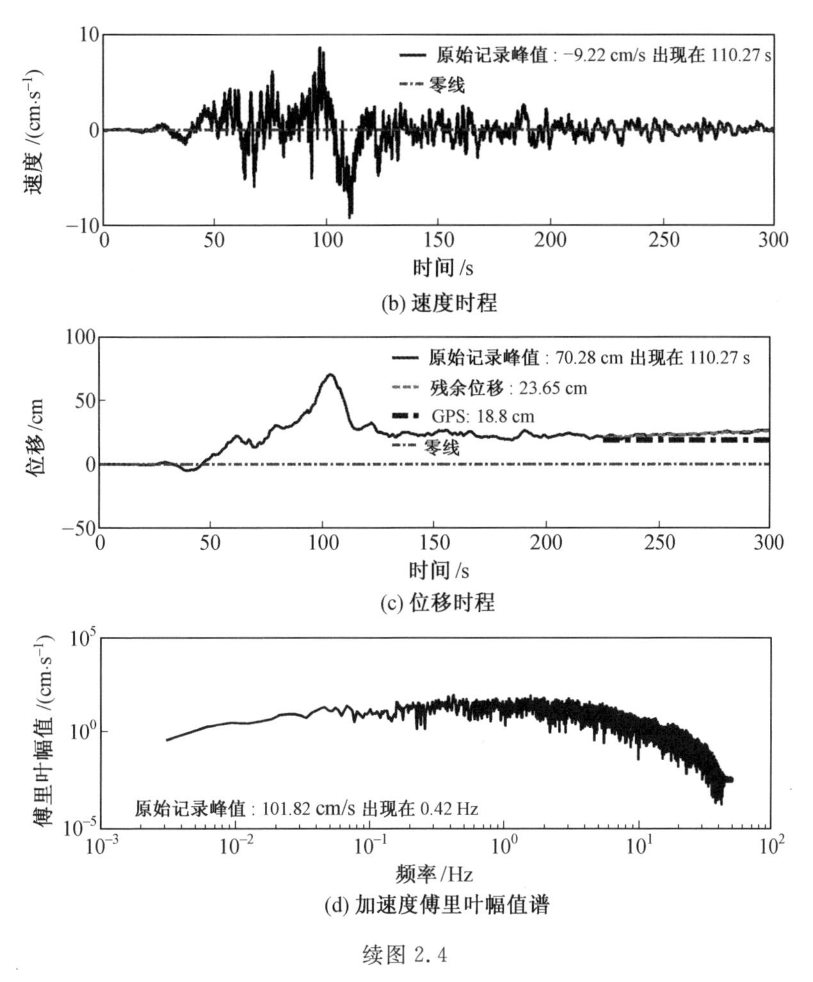

(b) 速度时程

(c) 位移时程

(d) 加速度傅里叶幅值谱

续图 2.4

由于台站各种背景噪声和加速度计噪声的存在，这种高质量的记录极少，很难确定加速度记录未受噪声污染的傅里叶幅值谱的真实模型，即便能够确定模型，也并不意味着可以取代真实的地震信号，只是未知的信号和噪声的混合物已被人为地操纵，产生了一个表面上看来近似为真实地震波的信号。通过对汶川地震记录[19-20]的研究发现，确定滤波器高通截止频率中的关键一点是关于噪声谱的确定，但是其不确定性还是比较大，仍然是一大难点，这其中主观的因素较多，不同的人判断可能会得到不同的截止频率。目前情况下，可以利用傅里叶幅值谱的特点来估计高通截止频率，在滤波结束时，目视检查由此产生的速度和位移时程是否合理也是一种标准[21]，因此最终仍需结合计算所得到的速度和位移时程做进一步确定。采用低切滤波的目的是尽可能地降低长周期噪声，而又不引入新的噪声污染。因此，Boore 和 Bommer[21] 建议采用低于理论震源谱截止频率的高通滤波值，如果所选截止频率大于理论震源谱截止频率，则信号的一部分可能会被削弱，滤波数据不具有物理意义，因此不应该用于相关的分析。同时，也需要通过视觉观察判断速度和位移时程是否符合物理意义。由于采用不同的方法确定高通截止频率会得到不同的结果，因此高通截止频率的确定需要采用合理的方法，从物理意义上判断最佳的结果。另外，由于 Butterworth 带通滤波器在低通和高通截止频率处都有个显著的 0.707 倍的降低，工程分析上可用的频带范围是仪器能记录到频率范围中的一部分，具体地说是可用频带范围高通截止频率是仪器高通截止频率的 1.25 倍，可用频带范围低通截止频率是仪器低通截止频率的 0.8 倍[22]。

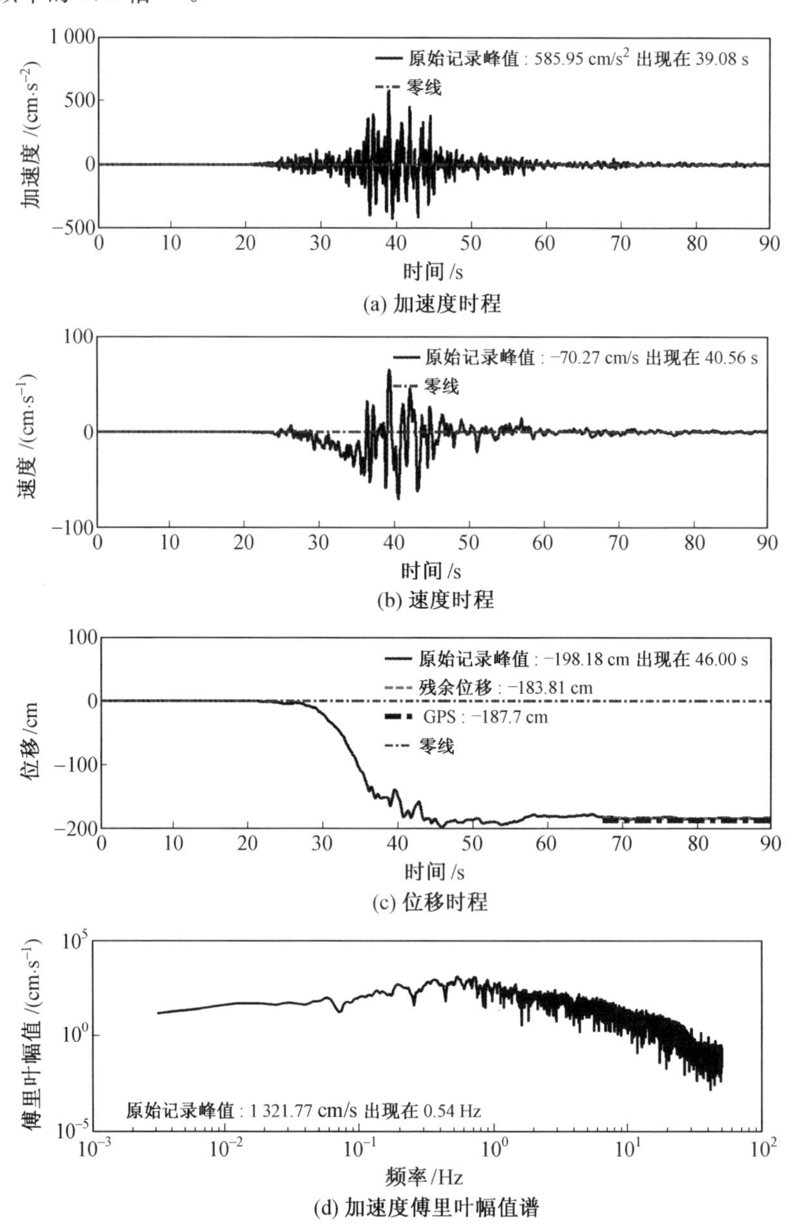

图 2.5　地震动时频分析(TCU074_E)

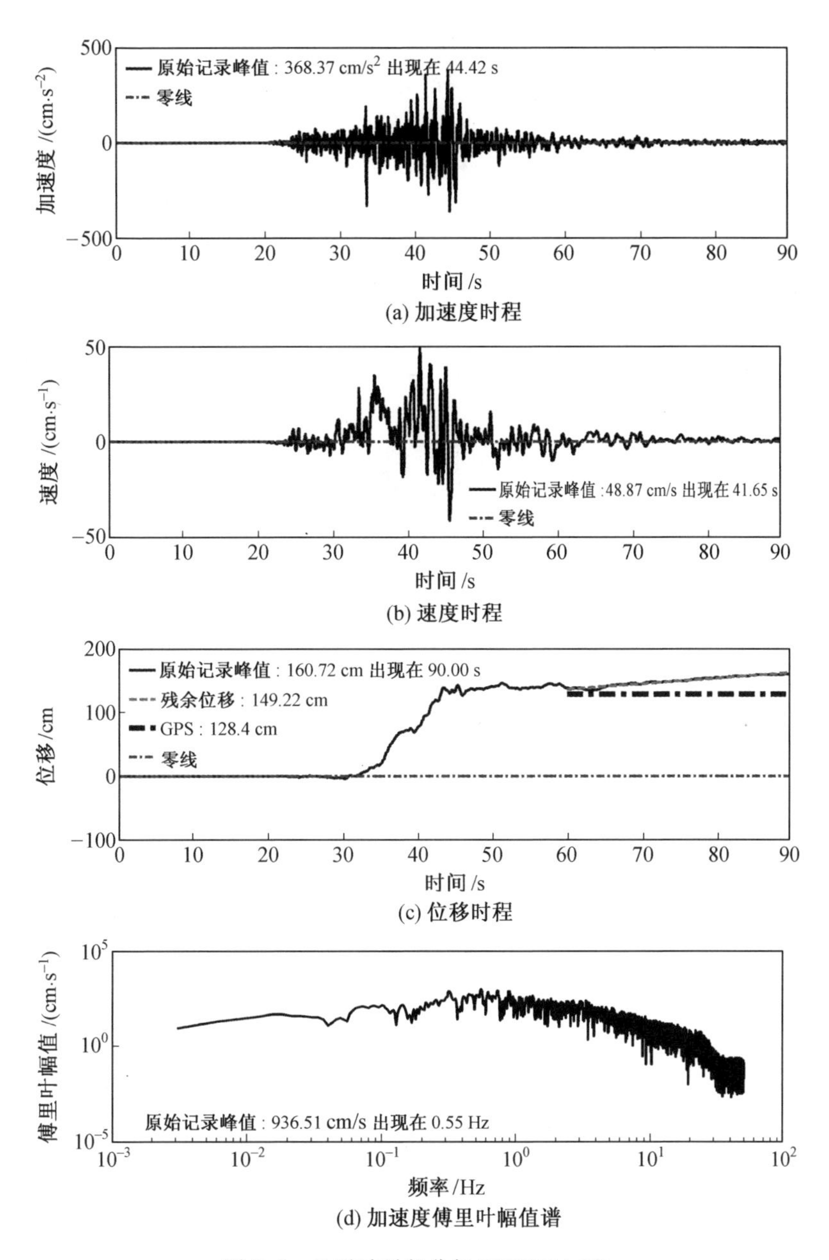

(a) 加速度时程

(b) 速度时程

(c) 位移时程

(d) 加速度傅里叶幅值谱

图 2.6　地震动时频分析(TCU074_N)

4. 因果与非因果滤波器

地震动数据的处理结果因滤波器的因果性不同而有所差异。地震动记录因果滤波通常是指加速度记录在 t_0 时刻的滤波只与 $t \leqslant t_0$ 时刻的数据有关，而与 $t > t_0$ 时刻的数据无关[23]。如果记录在 t_0 时刻的滤波还与未来时间点有关，则为非因果滤波。因果滤波，由于从记录的开始到记录的结束只进行一次滤波，方向是单一的，所以会改变用来保持因果关系的相位谱，这个因果关系主要体现在每个频率成分的到达时间上[24]，并且变形存在于整个频带范围内，单向滤波的应用带来了相位的变化。相比之下，非因果滤波并不会产生任何相位失真，即产生零相位变化，记录的相位谱不会改变，计算方法是在整个时域里分别向后和向前两个方向滤波，共滤波两次。反向滤波中和了第一次通过滤波器的传递函数从开始到结束的时间序列中引入的相位变化，对于滤波过程整体而言，其相位变化为零。因为地震动数据被使用相同的幅频函数滤波两次，非因果滤波器的幅值响应衰减率是因果滤波的两倍。在频域中不难发现，在相反方向上的滤波实际上是在频域中对正向滤波后的数据再乘以原来滤波器的传递函数。非因果滤波实质上是对输入地震动数据进行了向前和向后两次因果滤波，最终得到了零相位变化的数据。

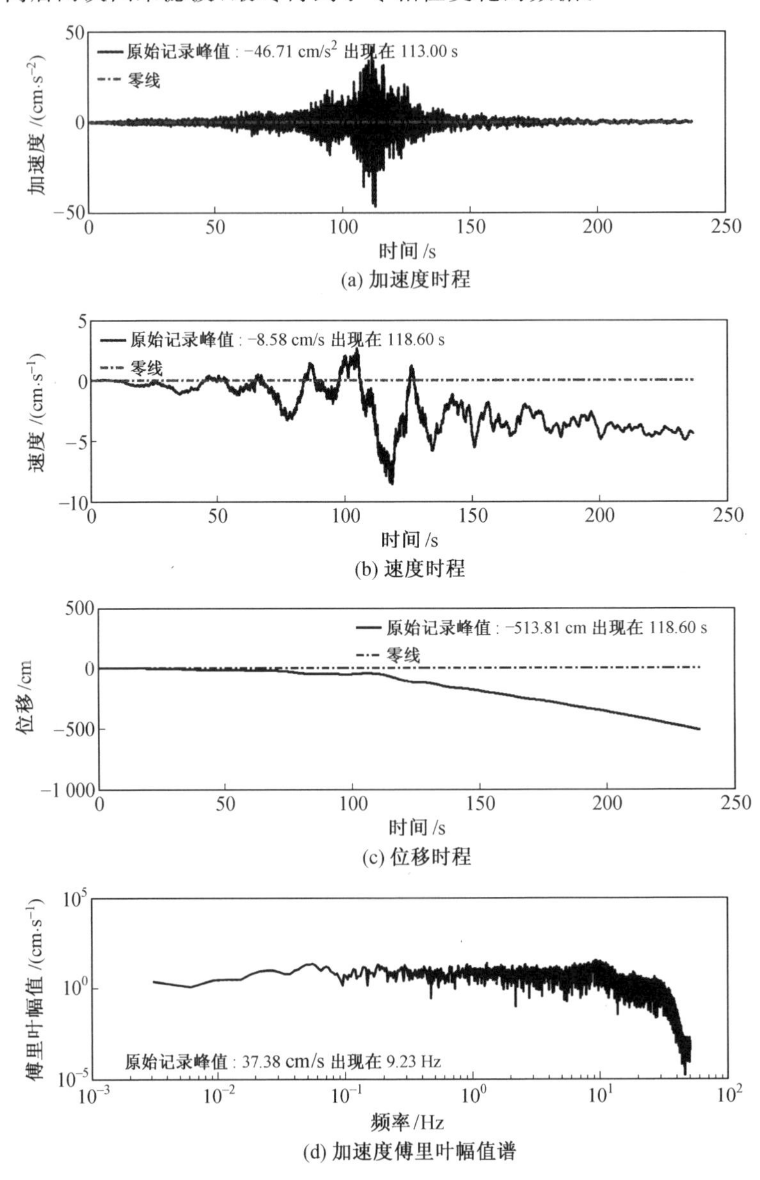

(a) 加速度时程

(b) 速度时程

(c) 位移时程

(d) 加速度傅里叶幅值谱

图 2.7 地震动时频分析(GNM0151103111446.EW)

图 2.8 所示为汶川地震主震记录 051BXD080512142802 地震动的一部分[25]，不难发现，采用非因果滤波所得到的时程与原始的加速度时程相位相同，非因果滤波后只是幅值发生了改变。而采用因果滤波时，加速度时程却发生了相位偏移。因此，从形状简单的单位冲击波形到复杂的加速度记录波形，在使用非因果 Butterworth 滤波器滤波时，都可以保证相位的不变性，这一点优于因果 Butterworth 滤波器。另外，Boore 和 Akkar[26] 也发现，峰值加速度以及非弹性反应谱的计算对于因果滤波截止频率的选择都比较敏感。因此，在地震动数据处理中要优先选择非因果滤波。

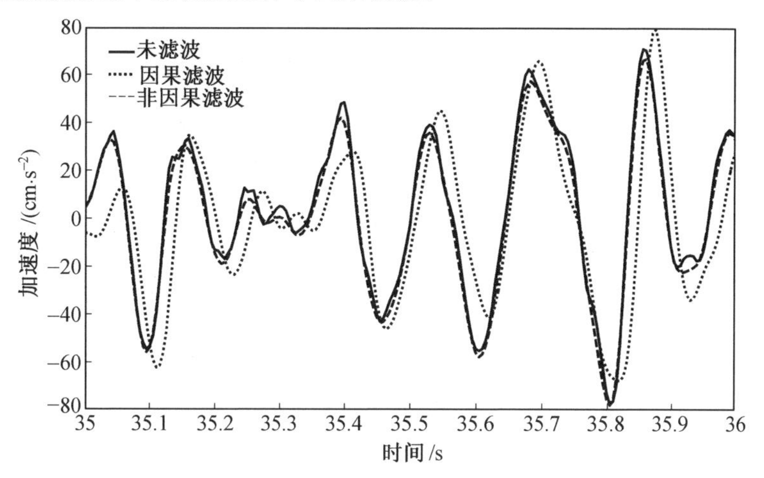

图 2.8　加速度时程(051BXD080512142802)

对于非因果滤波而言，无论是采用时域滤波还是频域滤波，非因果滤波的实现都需要在滤波前对于原始数据增加一定数量的零。加零的目的不仅仅是为了满足快速傅里叶变换的要求，还是为了适应滤波的瞬态。通常根据经验，首尾可各加 t 长度的零[13]。T_{zpad} 是需要加零的所有长度，使用下式计算：

$$T_{zpad}=1.5n/f_c \tag{2.1}$$

非因果滤波有个不利的特点就是只要在记录的首尾加零，所得到的位移时程就具有明显的事前低频瞬态，并且尾部会发生不同程度的“翘起”现象。若要消除该“翘起”，需要增加高通截止频率。

当加速度记录两端的数据并不是以非常接近零的数据开始和结束时，即加速度记录的第一个点或最后一个点严重不同于零，在进行非因果滤波时，加零区域与记录的两侧会存在非平稳过渡，进行滤波时将会引进伪频率(泄漏)。Converse[13] 采用 cosine taper 用于平滑记录两端与加零区域之间的非连续过渡，第一个穿过零和最后一个穿过零的加速度应该设置为零，通过设置 ktaper 和 tapsec 参数来减小泄漏的影响。ktaper(1)和 ktaper(2)设置为“zcross”“on”或“off”。其中，ktaper(1)代表对于加速度时程始端的操作，ktaper(2)代表对于加速度时程尾端的操作，无下标的 ktaper 代表对于加速度时程两端同时操作。当 ktaper 设置为“zcross”时，默认为记录采样出现在第一个穿零数值之前和最后一个穿零数值之后。当 ktaper 设置为“on”时，在未加零时间序列两端的一定范围内，通常分别取未加零部分的 5%～10%，对基线初始化后的加速度时程两端分别乘余弦半钟锥形函数来调整加速度记录与加零段之间的平稳过渡，避免滤波后的加速度时程出现明显的毛刺现象。当 ktaper 设置为“off”时，则不在记录采样点与加零部分之间增加过渡带。

关于加零数据间的协调性，在使用非因果滤波后的数据时，所加的零应作为非因果滤波后数据的一部分，而不应该删除所加的零再积分得到速度和位移时程。否则，通常会造成积分速度和位移时程的漂移[21, 27]，带来处理数据的不兼容性。

2.2.3 基线校正方法

对于近断层地震动记录，一般不采用滤波而采用基线校正的方法进行处理。其核心是合理判断加速度、速度和位移时程中基线漂移的详细位置以及漂移程度，并提供具有理论依据的校正方法。

1. 加速度记录基线漂移机理

国内外众多学者对加速度基线漂移的机理进行过深入的研究。Trifunac[28]研究了模拟记录的基线漂移，对于模拟记录强震仪来说，当记录纸仅做一个方向的直线运动，没有相对记录器的横向运动时，固定基线就是一条直线。如果记录纸发生不规则的横向运动，记录到的固定基线将不再是一条直线，固定基线的波形反映了记录纸相对记录器的横向不规则运动，从而掺杂到记录波形中，形成地震动加速度记录中的噪声。生成的加速度记录不能立即积分确定地震动的速度与位移，原因在于初始速度、初始位移和实际的零基线位置都未知，所以找到零基线是第一步。对于模拟记录而言，Hudson 等人认为数字化加速度记录所导致的错误是由于记录的弯曲所致，故大多情况下采用抛物线进行基线校正。该校正方法并不影响周期 5 s 以内的反应谱计算，对于相对较短记录时间的加速度记录，假定零初始条件，基线校正对于积分得到的速度和位移影响相对较小。但对于中等或较长记录时间的加速度记录，利用抛物线进行校正是不适合的。这是因为，由于数字化、记录纸的弯曲和横向变形主要影响了中等和长周期的大量加速度记录。Chiu[29]认为，模拟地震动数据的大多基线误差仍存在于高分辨率的数据中，这些基线误差包含加速度的常数漂移、低频仪器噪声、低频背景噪声、加速度和速度的小初始值及人为误差。

数字地震动加速度计的发展推动了数据处理的快速发展。模拟记录中常见的一些误差在数字地震动数据中并不存在。例如，记录纸的弯曲和数字化误差。此外，初始基线不确定等误差也有很大程度的降低。尽管捕捉地震动信息的强震仪在灵敏度、动态范围以及稳定性等各方面都有了显著的改进，数据质量已经有了改善，但是数字地震动记录仍然存在基线漂移的现象，大的偏移仍然存在于高分辨率和高采样率的数据中，从而导致加速度时程在积分的过程中，使得积分速度与位移的基线漂移有进一步放大的趋势。因此，基线校正仍然是地震动数据处理中的一个重要问题。研究表明[29]，数字地震动记录的基线漂移主要来源于仪器的不准确反应、电磁噪声、传感器的物质疲劳、背景噪声和地震动过程中观测仪器的基座产生的不可恢复位移等。由于强震仪器的不准确反应对于地震动信号的高频成分影响很大，而对于低频成分影响很小，因此，仪器的不准确反应对于基线漂移的贡献不是很大。数值试验表明较低的分辨率也是导致基线偏移的一个重要原因。为了记录的完整性及简洁性，通常忽略采样点之间的数据，从而导致离散的基线与真实的基线之间存在一定的偏差，分辨率的有限性导致了波形的失真。然而，对于一些峰值加速度比较大的记录来说，失真并不是一个严重的问题，因为地震动要远大于失真的水平。另外，采样率的不足也会导致相应于高频信号的两个采样点间信息的丢失。对于一些采样率为 200 点/s 的地震动记录来说，由于采样率的局限性所导致的误差对于低频地震波来说并不重要。然而，高的采样率会提高数值积分的精确性。电磁噪声的水平依赖仪器和所处的周围环境，这种噪声对于温度的变化比较敏感，波形比较随机，频率分布范围较宽。随机波形和频率成分的广泛分布也是背景噪声的特征。频率成分和背景噪声的特征主要依赖于场地、海浪和各种人文活动。背景噪声的加速度要小于地震信号的加速度，但是这些噪声对于位移的影响却不容忽略。背景噪声导致了引起基线累积误差的初值的非零性，结果会使背景噪声对于基线误差有很大的影响。加速度基线的非零性，在速度时程中产生了线性趋势，在位移时程中产生了抛物线形基线。在近断层区域，像地表破裂、垂直抬升和水平位移等这样的地表变形，可能会造成强震仪的倾斜，从而间接地造成基线漂移。即使强震仪发生微小的倾斜，通过视觉和仪器都很难观察到，但其位移时程也会发生严重的基线漂移[30]。当地面倾斜一个角度 θ 之后，假定强震仪也发生了相同的倾斜角度，通常这种倾角比较小，仪器会在水平方向产生一个附加加速度，该附加加速度的大小为 $\Delta g_1 = g\sin\theta \approx g\theta$ 。竖向附加加速度则为 $\Delta g_2 = g(1-\cos\theta) \approx 0.5g\sin^2\theta \approx 0.5g\theta^2$，这里 g 是重力加速度常数，角度单位为 rad。当倾斜角度较小时，对于竖向记录基线的影响要远小于对水平向记录基线的影响程度。

基线拟合技术相比滤波器的一个优点是：当需要考虑地面永久位移时，它可以使残余位移得到恢复。但是，事实上，导致基线偏移的原因往往是不确定的，可能包括因地面倾斜或旋转而带来对地震动信号的污染[28,31]，或像传感器中诸如机械的或电磁滞后这样的系统影响[32-34]，交叉轴影响[35-36]，以及对于模拟记录的数字化过程[37]。由于缺少地震过程中强震仪相关信息的测定，因此究竟谁主谁次很难评判，大多数情况下，也只能根据基线漂移的表面现象采取必要的校正措施，还不能从理论上根本搞清楚基线偏移的具体原因并采取相应的校正措施。总体来说，我们对于基线漂移的机理还不太清楚，缺少充分的试验证明和理论依据。

2. 加速度记录基线校正方法

Graizer[38]是第一个倡导使用最小二乘法对加速度记录进行基线校正的学者。Iwan 等人[32]使用了两点法，后来 Boore[30]、Boore 和 Bommer[21]进行了改进。Chiu[29]在积分前使用了高通滤波。吴健富[39]在 Chi－Chi 地震动数据的处理中也对 Iwan 等人的方法[32]做了一定的改进。Akkar 和 Boore[40]提出了基于蒙特卡罗的基线校正方案，并用噪声模型来模拟基线的变化。大多数基线校正方法都假定基线在有限的时间点内发生变化，但是并不能恢复低频滑移信息，不容易自动化，常需要人为干预。

(1)Iwan 等人提出的方法。

1985 年,Iwan 等人根据地震动时程的特点,假定记录可分为 3 段,并且各段基线漂移不同[32]。他们的理论依据主要来源于对 PDR－1 和 FBA－13 型数字强震仪做的系列试验,试验中发现加速度峰值超过 50 gal(1 gal＝1 cm/s^2)时,记录时程曲线的基线会偏离标准零线,虽然一般情况下,其偏离的程度会非常微小,不会超过 PGA 的 2%,但由于积分会把这种误差放大,即使对速度时程不一定产生很大的影响,却会对位移时程产生很大影响。因此,Iwan 等人分析认为,由于传感器系统机械或电子的磁滞效应导致传感器无法即时反映地表复杂的运动,在加速度记录上表现为基线的漂移,并且发生磁滞效应的阈值为 50 gal。

该方法适用于 PGA 大于 50 gal 并具有永久位移信息的加速度记录,先对加速度记录进行基线初始化,也称为基线的零阶校正,即从原始记录中减去记录事前的平均,其目的是为了保证初始加速度、速度和位移为零。然后对加速度记录进行积分得到速度。依据相关试验和对于模型简化的需要,把整个加速度时程分为 3 部分,即加速度第一次大于 50 gal 的时刻 t_1 前为第一部分,最后一次大于 50 gal 的时刻 t_2 直到记录结束为第三部分,这两部分之间为第二部分,即强震部分,并且每一部分的基线偏移量为一常量。基线的变化发生在强烈的振动阶段,记录过程中包含两次偏移。第一次偏移代表了 t_1 和 t_2 之间速度时程复杂变化的平均水平。用直线拟合速度时程末端的线性趋势,由其末端速度时程的拟合基线斜率可以得到发生在时刻 t_2 的第二次偏移。对于加速度时程进行基线校正,并进行二重积分得到位移时程。其中的物理依据是:①初始加速度、速度和位移为零;②地震动结束后,地面运动的速度在震后足够长的时间内平均值应接近零,地震动台站没有发生永久位移,位移应当为零,若台站发生了永久位移,位移应当以近似平行于时间轴的趋势而结束。

该方法是第一次系统地使用试验的方法来判断造成数字加速度记录基线漂移的原因及其过程,具有很大的客观性,也具有一定的适用性,该方法只是针对特定型号强震仪试验得到的结论,并且仅局限在加速度大于 50 gal 的记录,对于该范围之外的记录则无能为力,不具有普遍意义。

(2)Boore 提出的方法。

Boore[30]指出 Iwan 等人[32]的方法中,由于不适当及不明确的 t_1 与 t_2 的选择导致永久位移变化范围极大,因此清晰地定义这两个时间参数很有必要。并且认为 t_1 与 t_2 的选择应该比较自由,而不受加速度幅值阈值的限制,于是对 Iwan 等人的程序进行了改进,仅规定 $t_{end} > t_2 > t_1 > 0$,t_{end} 为记录结束的时刻。为了进一步简化,他建议 t_2 的选择应该满足对最后一段速度时程拟合时,最终速度为零。因此,该方法也称为 v0 校正法。

(3)王国权提出的方法。

王国权的地震动记录校正方法[41],主要针对 1999 年 9 月 21 日发生于台湾 Chi－Chi 的 M7.6 主震,仅对由 A－900/ A－900A 型强震仪记录到的地震动记录进行了基线校正,并认为加速度记录的基线漂移是源于强震仪在地震过程中的倾斜。其基线校正步骤如下:

①对原始加速度时程做基线初始化,即从所有加速度采样点中减去事前记录的平均,

更确切地说，通常是减去 P 波到达之前这段时间内加速度采样点的平均；

②对加速度时程进行积分求得速度时程，并采用直线拟合速度时程的末尾部分，该拟合直线的发展趋势与时间轴的交点即为加速度时程基线的漂移时刻，然后从加速度时程中由基线开始偏移时刻减去用于线性拟合速度时程的直线斜率；

③对基线校正后的加速度积分得到速度时程，对速度时程做基线初始化，并令初始速度为 0；

④对速度时程积分得到位移时程。

王国权提出的基线校正的基本思路是：首先，通过速度时程基线漂移的特点来确定加速度时程基线漂移时刻及其漂移程度；然后，从加速度时程中基线漂移时间区间内减去速度时程基线漂移趋势的平均；最后，二重积分得到位移时程，从而求得测点的永久位移。但是这种方法仅适用于最简单的加速度基线漂移情况，从速度时程的特点不难发现，加速度基线漂移的过程非常复杂，对于具有不同基线漂移特点的加速度，需要详细分析加速度或速度时程基线漂移的过程，采用一些针对性较强的基线校正方法。另外，该方法并没有详细论述如何准确确定速度时程的末尾需要进行最小二乘法拟合的范围，因为拟合直线的细微变化都会导致该直线与时间轴的交点有所不同。

(4)吴健富提出的方法。

吴健富[39]基于对近断层地震动的观察，提出了不同的校正方案来选择时间参数 t_1 和 t_2。如果永久位移发生，校正的位移时程应该类似于一个方波或 Ramp 函数，因此参数 t_1 的选择应该是地面刚刚开始离开其初始位置时，依照 Iwan 等人[32]的方法选择加速度首次达到 50 gal 的时刻为参数 t_1，为了避免将小幅值的地震动也提取出永久位移，经过适当的地震动数据处理，地面由于地震动推移至永久位移后，此时的永久位移应该呈现非常接近平行于时间轴的直线平坦状态。因此，他们定义位移达到了最终值的时刻为第三个参数 t_3。位移的校正没有一个先验值，除非地震动台站附近有能够连续测量的 GPS 台站，t_3 的选择比较主观，但是可以通过迭代计算得到改善。t_2 在 t_3 和记录结束时刻之间选择，校正方法类似于 Iwan 等人[32]的方法。对于 t_2 时间点的确定，需要建立一个判断参数，作为地面推移至永久位移时间点的判断依据，也就是通过方程式自动迭代计算，搜索 t_1 到记录结束这段时间内的时间点，使得 t_3 时间点后的位移时程尽可能达到幅值不变的平坦直线状态。对于每一个 t_2 值，都需要计算平坦度系数，用于显示校正位移在 t_3 与记录结束之间的平坦程度。把 t_3 与记录结束之间位移的平均值作为最终的永久位移，并计算其标准方差 σ。利用最小二乘法对于 t_3 与记录结束之间的位移做线性拟合，位移的线性校正系数为 r，并计算其坡度，记为 b，平坦度系数计算公式为

$$\varphi=\frac{|r|}{|b|\sigma} \tag{2.2}$$

$$r=\frac{\sum_{i=1}^{n}(x_i-\bar{x})(y_i-\bar{y})}{\sqrt{\sum_{i=1}^{n}(x_i-\bar{x})^2\cdot\sum_{i=1}^{n}(y_i-\bar{y})^2}}=\frac{n\sum_{i=1}^{n}x_iy_i-\sum_{i=1}^{n}x_i\cdot\sum_{i=1}^{n}y_i}{\sqrt{n\sum_{i=1}^{n}x_i^2-\left(\sum_{i=1}^{n}x_i\right)^2}\cdot\sqrt{n\sum_{i=1}^{n}y_i^2-\left(\sum_{i=1}^{n}y_i\right)^2}} \tag{2.3}$$

式中 x_i ——校正后的位移时程末尾部分数据点；

$\bar{x}$ ——校正后的位移时程末尾部分数据点的均值；

y_i ——校正后的位移时程末尾部分数据点直线拟合后的各数据值；

$\bar{y}$ ——校正后的位移时程末尾部分数据点直线拟合后的各数据值的均值；

n ——校正后的位移时程末尾部分数据点的个数。

设置线性校正系数 r 的目的是为了判断数据的离散程度，r 越小代表数据的发散程度越小，其关系越接近线性关系，当可以使用线性关系式来拟合时，r 的数值会接近于 1 或 −1。坡度系数 b 为对于产生永久位移段的时程部分，进行最小二乘法线性拟合所得直线的斜率，设置 b 的目的是为了确定拟合直线与时间轴的位置关系，确切地说是为了判断拟合直线是否处于水平状态，如果处于水平状态，则 b 的值会接近于 0，而平坦度 φ 则会趋于无穷大。σ 反映了 t_3 时间点至记录结束这段时间内位移波形的变异系数，用于表征地震动位移接近稳定状态的程度，变异系数越小代表地表地震动越接近于平稳状态，可以更好地代表永久位移。校正的基本步骤是：先对加速度基线初始化，即取所有加速度数据点减记录事前 1 s 的平均，然后积分得到速度和位移时程，由此判断加速度初次超过 50 gal 的时刻为 t_1，根据位移时程判断 PGD 的位置，该位置右侧 2～6 s 范围内的时间点为 t_3，这种判断比较主观。选取 t_3 到记录结束间的每个时刻为 t_2，通过迭代及最小二乘法，计算每个 t_2 所对应位移时程，并计算 t_3 时刻后位移曲线的平坦度，选择平坦度最大时所对应的 t_2。然后对速度时程分两段进行基线校正，先对 t_2 至记录结束段做基线校正，然后再校正 t_1 至 t_2 段基线。对校正后的速度进行积分得到位移，计算 t_3 时刻后位移的平均值，即为地表永久位移。

(5)Hermit 插值基线校正法。

由于加速度时程中基线漂移的过程非常复杂，并且其高频成分非常丰富，很难直观地从加速度记录中准确判断基线漂移的起始和结束位置以及漂移的程度，因此大多选择速度时程为切入点，对于速度时程的基线漂移进行分析。对于具有大量数据采样点的地震动数据而言，在对所有数据进行整体拟合时，采用较低阶数的多项式拟合，拟合的效果往往不太理想，为了提高拟合精度就必须提高拟合曲线阶数，但是阶数太高又会造成计算的复杂化，同时给波形的首部和尾部带来纹波效应等不利影响。因此，仅仅采用一种多项式曲线函数拟合像地震动这样较多的数据点，难以取得理想的拟合精度和效果。

为有效地解决上述问题，一般根据主观经验对数据采用分段曲线拟合。一方面由于速度基线漂移大多呈直线趋势，另一方面为了避免多次曲线拟合给时程曲线带来的纹波效应，因此不提倡采用多次曲线拟合。理想状态下，对于整条速度时程仅仅做一条直线拟合来消除基线漂移，然而地震动发生的过程决定了速度时程的基线漂移特点需要分段，可以说分段曲线拟合是一种常用的数据处理方法，但是如果都采用分段直线的方法，直线与直线连接处常会出现不可导的情况，在分段点处往往不能同时满足基线连续与光滑的特点，通常在加速度时程中产生明显的“尖刺”现象。许多速度时程的基线并非都呈直线趋势，因为加速度时程的基线漂移有可能不是平移而是旋转，但是一般情况下，时程两端的基线趋势比较明显。中间的基线趋势比较复杂，很难确定其基本形状，但是有一点可以肯定，一般情况下，速度时程的基线是连续不间断的，即速度基线的任意点上都连续可导，基线的变化过程是平缓的，不具有突变的过程。Newton 插值和 Lagrange 插值虽然构造比较简单，但都存在插值曲线在节点处有尖点、不光滑、插值多项式在节点处不可导等缺点。为了保证插值多项式能更好地逼近目标函数，需要对插值多项式增加一些约束条件，例如要求插值多项式在某些节点处与目标函数相切，即具有相同的导数值。作为多项式插值，三次已是较高的次数，次数再高就有可能发生 Runge 现象，即插值多项式次数太高会造成插值不收敛的现象，使得插值多项式反而变得更不准确。因此，对有$n+1$节点的插值问题，可以使用分段两点三次 Hermite 插值[42-43]，构造一条连接两条分段直线的插值曲线，既能使得分段点处满足函数值又能保证一阶导数连续，达到曲线的平滑过渡。

2.3　地震动记录中的奇异波形

奇异波形也是地震动记录处理中需要解决的问题。由于仪器、人为或其他未知原因，通过一般的滤波和基线校正方法都很难达到降噪的目的，为此需要借助特殊的处理方法，来尽可能地消除其中的噪声，避免给相关研究带来不必要的麻烦。一般可分为以下几类奇异波形："尖刺现象"、非对称波形和明显的基线漂移等。

2.3.1　"尖刺"现象

尖刺的英文单词为"spike"，其英文解释为：尖状物或尖刺。通常是在原始加速度时程中突然出现具有较大幅值的高频"毛刺"，是与周围数据点不相协调的孤立数据点。如果将该记录用于场地的地震动衰减关系研究中，则会带来很大的结果差异。因此，很有必要对该记录中的数据异常值进行合理的判别和处理，分析是由于地震的原因，还是由于仪器本身或周围环境的影响。如果是由于震源机制或传播路径的原因，则需要保留，否则需要根据研究目的的不同而进行必要的调整，用合理可信的数据替代数据中的异常点，保证地震动记录处理的结果不会给相关研究带来不利的影响。其中，"spike"又可以分为两类，第一类，一般通过仔细检查加速度记录可以比较容易发现，通常位于记录的首尾部分，可称为简单的"spike"。另一类，则是藏身于复杂的波形中，很难判断，最严重的 PGA 就是"spike"，可称为复杂的"spike"。

1. 关于简单"spike"的研究

简单的"spike"仅仅通过加速度记录的波形就可以判断是否为"spike"。如图 2.9 所示，为汶川地震固定台余震中编号为 051HSD080628022001[19] 的加速度记录，尾部出现了明显的"spike"现象，与周围波形很不协调，比较容易识别。

2008 年 5 月 29 日冰岛南部的奥佛斯地震中，在塞尔福斯医院记录到的加速度记录比较小，但比较特殊，地面加速度的三分量中都存在明显的"spike"。加速度记录的垂直部分(图 2.10)，事前平均已从整个加速度记录中减去。不寻常的尖峰，图中用黑色圆点标记。其幅值为 12.75 cm/s^2，几乎是在 1 s 的时间间隔内均匀分布。这在事前和事后的记录中比较容易识别，因为这两处的信号相对较弱。但是，当信号相对"spike"幅值较大时，则很难确定。第一个"spike"出现在 0.47 s，另外是事前记录中两个分别在 1.46 s 和

2.46 s 的“spike”。通过仔细检查记录可以发现其他的尖峰,图中用黑色圆点表示。当尖峰的振幅与主要的信号相比较小时,它们通常容易被忽略。明显的“spike”具有宽带性质,除了高频噪声污染外,还可以对加速度时程施加长周期噪声污染。当对受到明显“spike”污染的加速度进行积分获得位移波形时,长周期噪声的影响比较明显。具有“spike”污染和移除“spike”污染后的加速度积分得到的位移时程,如图 2.11 所示。“spike”给记录带来长周期噪声污染导致了两者位移波形之间的差异。需要指出的是,这两种位移看上去都不具有物理意义,因为它们没有显示记录接近结束或固定值的趋势。从物理意义上考虑,如果地面没有静态偏移,在记录结束时位移应等于零。在静态偏移情况发生时,位移波形在记录结束时,应以一定的偏移趋势最终保持为常数。

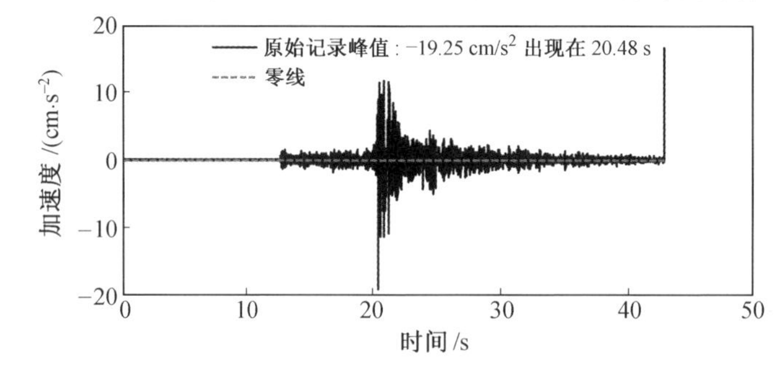

图 2.9 记录尾部“spike”现象

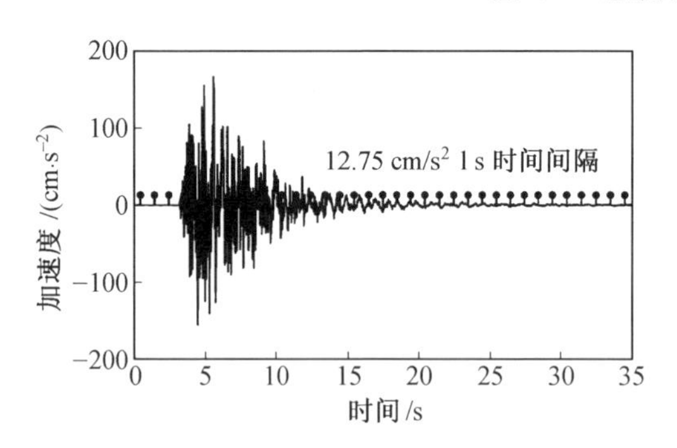

图 2.10 具有“spike”的加速度

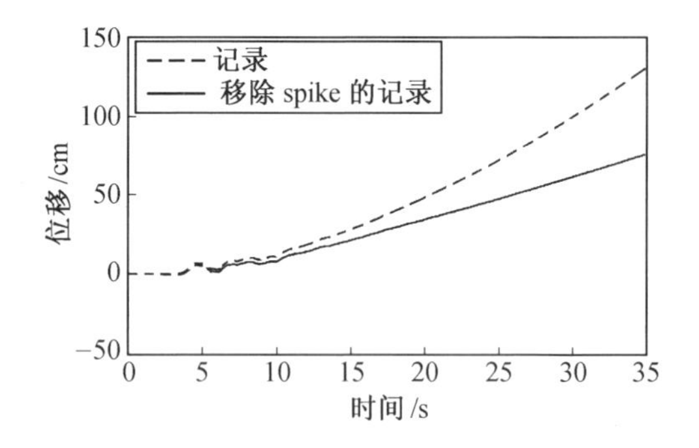

图 2.11 具有和移除“spike”的位移

Boore 和 Bommer[21] 曾经研究,在某些情况下,这些尖峰信号大于信号本身的幅值,如图 2.12 所示,数字记录中在 10.8 s、16 s 和 26 s 处具有明显的“spike”幅值,其幅值大大超过了该记录中的正常幅值。其加速度时程的微分产生了称为“jerk”的时程,其“spike”中的单侧脉冲变成了双侧脉冲,可以采用这种方法识别“spike”。在这种情况下,有必要确定“spike”的位置并从记录中修正。通过对这些“spike”定位,并以“spike”前后数据的平均值来取代尖峰的峰值。

“spike”现象不仅出现在模拟记录中,还可以出现在数字记录中。2008 年汶川“5.12”主震中出现了“spike”现象。以编号为 032XPX080512142802 的地震动记录为例[44],其加速度时程及 jerk 时程分别如图 2.13 所示。尽管该记录的 PGA 比较小,但也能说明问题。加速度时程中具有单侧脉冲的“spike”在微分后出现具有双侧脉冲的“jerk”时程,可以确信，该记录中的PGA为“spike”。

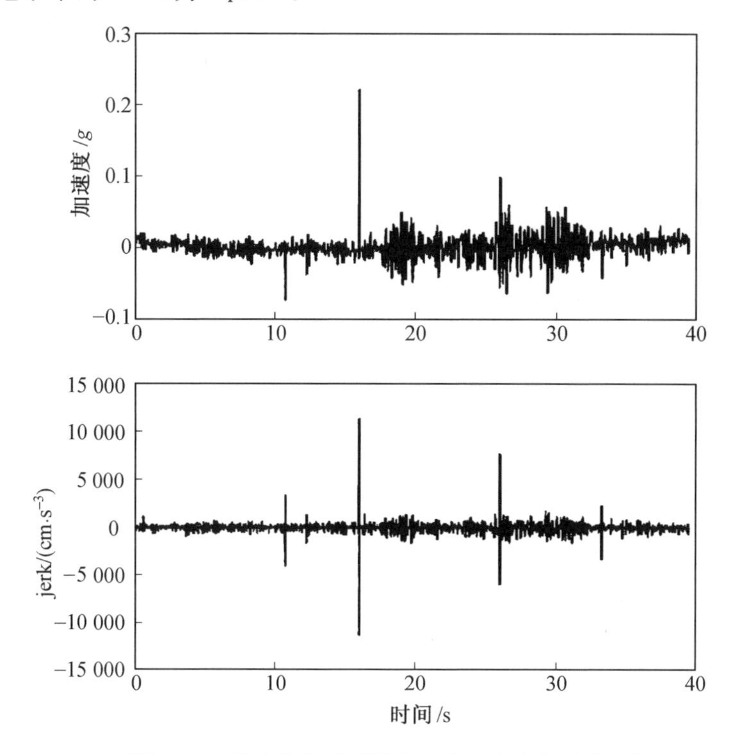

图2.12　具有的“spike”的加速度时程和“jerk”时程

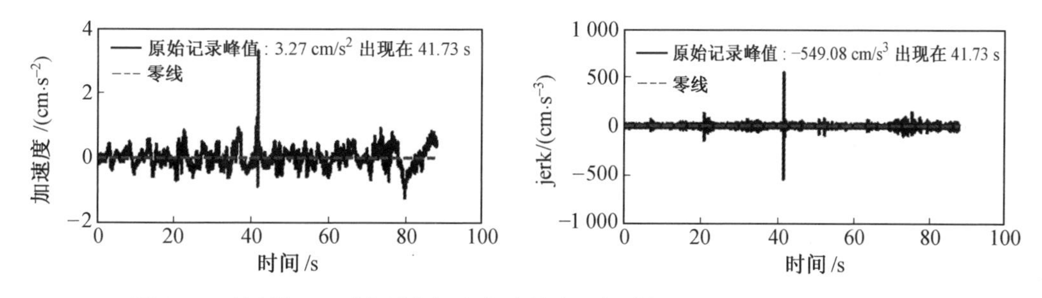

图2.13　汶川“5·12”主震中加速度时程及jerk时程(032XPX080512142802)

2. 关于复杂“spike”的研究

当地震动记录中的PGA为尖刺时，可称为复杂的“spike”。如图2.14所示，2013年芦山地震余震中流动台站记录(编号为0M1002130425042803)在20.49 s处存在峰值26.24 cm/s²，而该台站的水平记录EW和NS向分别为15.89 cm/s²和12.60 cm/s²，所在时刻分别为22.64 s和22.61 s。水平向与竖直向PGA所在位置相差2 s多，不符合实际。因此，可以认为竖向记录存在尖刺现象。目前，解决“尖刺”可以完全移走“尖刺”，该点设为0值，或将该幅值设到一定的水平与相邻数据点相协调，一般调节为相邻两个数据点的平均值[45]。当然也可以采用滤波的方式加以处理。该现象产生的原因可能是由于记录器事前事件缓存内容衔接错误、缓存清空不彻底或者外部供电出现纹波造成仪器内部供电突变所致，对于确切的原因还需要辅以一定的试验进行验证。

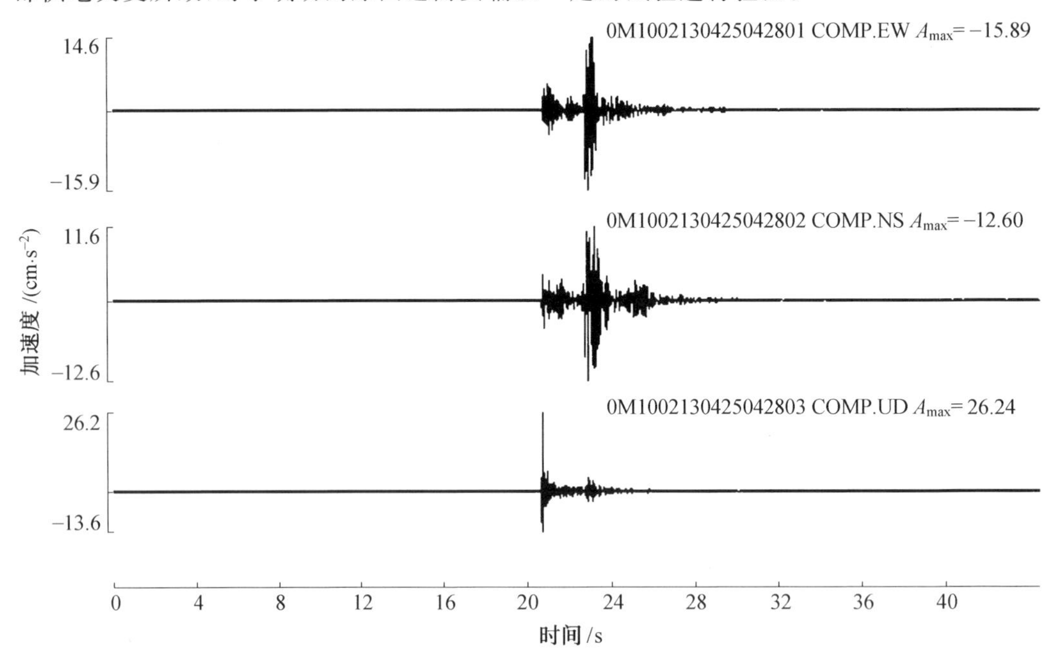

图 2.14　2013 年芦山地震余震中加速度时程（0M1002 台站）

3. 关于"spike"产生的原因

产生"spike"的原因有多种，如强震仪的记录故障，周围环境的突发性变化和干扰，以及操作人员的过失等，大的高频"spike"也可能是由于台站下方近地表的岩石脆性破坏所造成。这种破坏是由具有高振幅、长周期速度脉冲过程中产生的强大应力所触发的。但是，没有证据直接证明是哪种或哪几种原因造成了"spike"。判断产生"spike"的原因很困难，需要借助各种试验手段进行必要的模拟。当然，能判别出原因则更好，这有助于对异常数据的修正以及预防。

2.3.2　非对称波形

在对 2008 年"5・12"汶川地震进行流动观测[20]的过程中，代码为 L2008 的理县地震局流动台，在表 2.1 的几次不同级别的地震中，出现了如图 2.15～2.20 所示非对称性的加速度时程，尽管其震级和震中距都不同，但是由基线初始化后的加速度时程积分所得到的速度时程和位移时程的类型分别相似，并且像图 2.21 一样加速度时程的非对称性都出现在东西向，其南北向和垂直向都呈现出对称性，这说明记录地震动的强震仪出现了故障，极有可能是东西向的摆没有完全放开。

表 2.1　记录对应地震信息

记录编号	震级	震级类别 (Ms/M_L)	经度 /E°	纬度 /N°	震源深度/m	震中距 /km
080815010639L2018a	4.2	Ms	103.5	30.98	16	59.6
080801163241L2018a	6.0	Ms	104.85	32.02	14	172.8
080804174001L2018a	3.3	Ms	103.36	31.37	13	20.1
080609152836L2018a	4.5	Ms	103.93	31.31	13	74.3
080628022054L2018a	4.2	Ms	103.45	31.43	13	27.5
080714001315L2018a	4.0	M_L	103.37	31.41	19	20.1

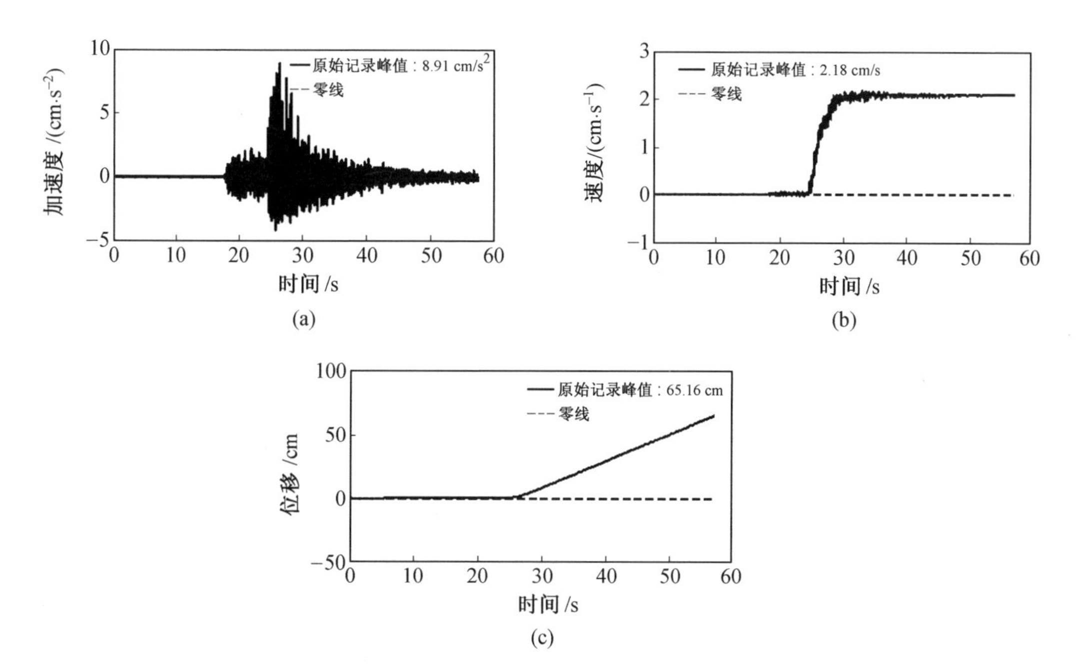

图 2.15　080815010639L2018a 时程

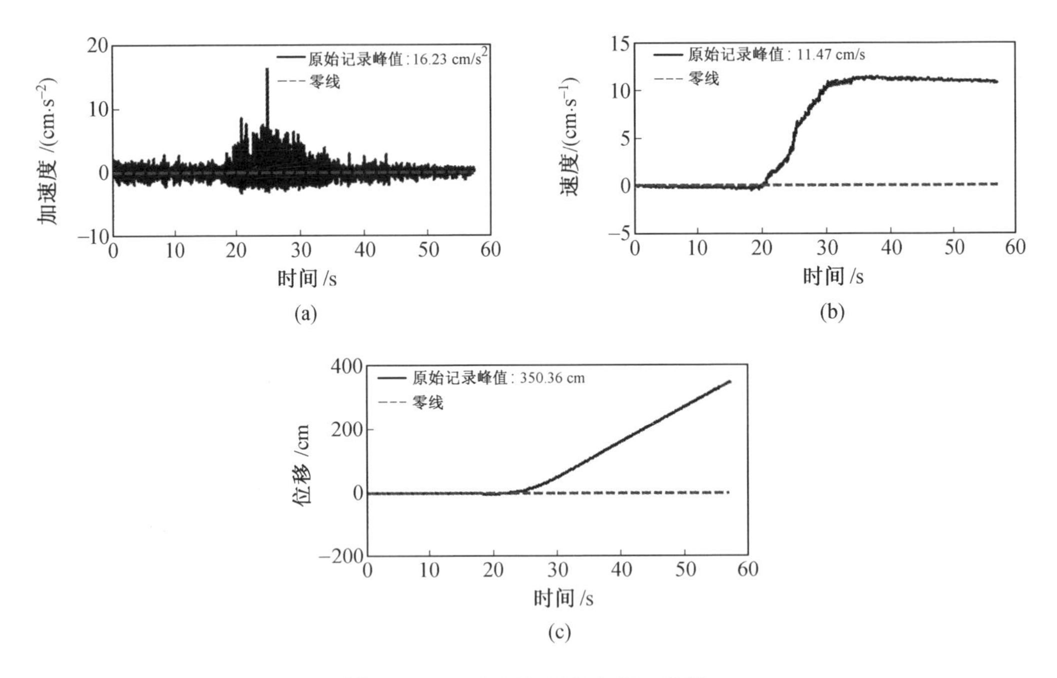

图 2.16　080801163241L2018a 时程

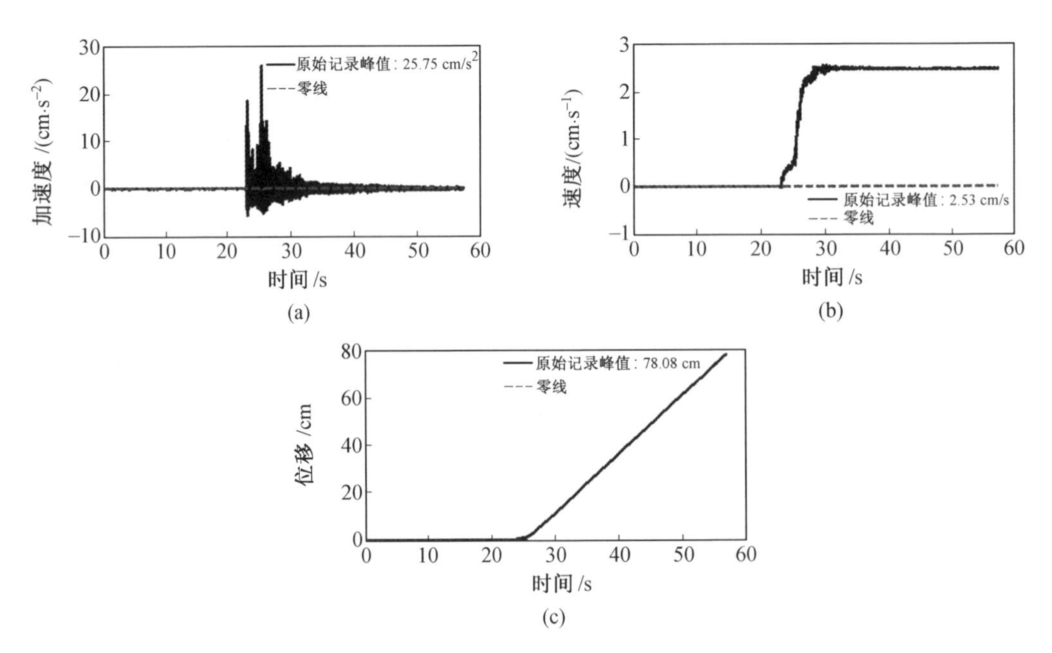

图 2.17　080804174001L2018a 时程

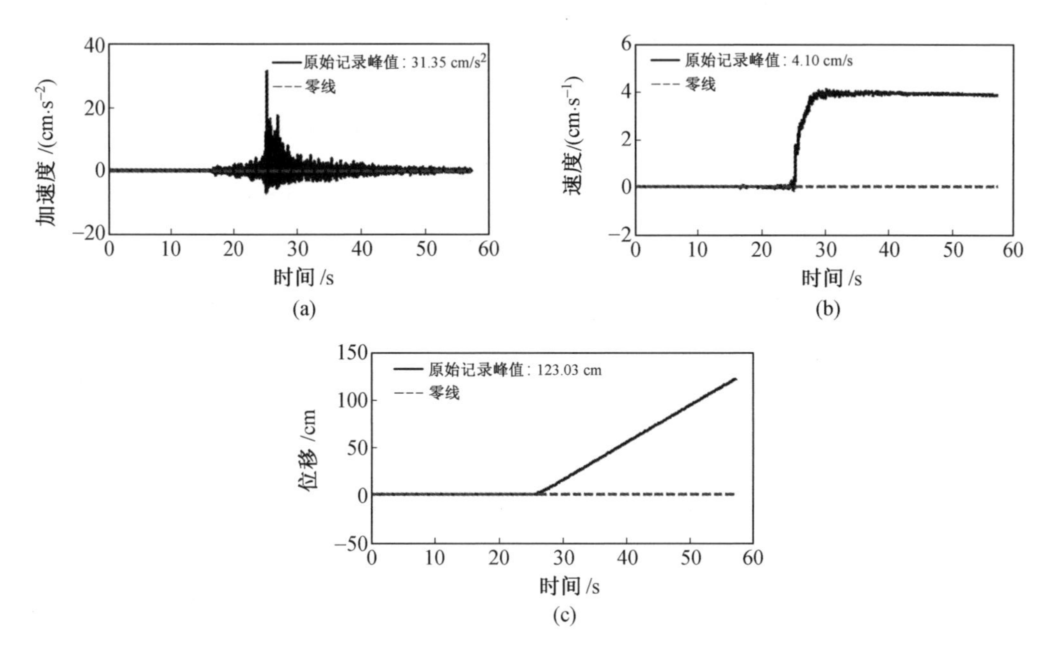

图 2.18　080609152836L2018a 时程

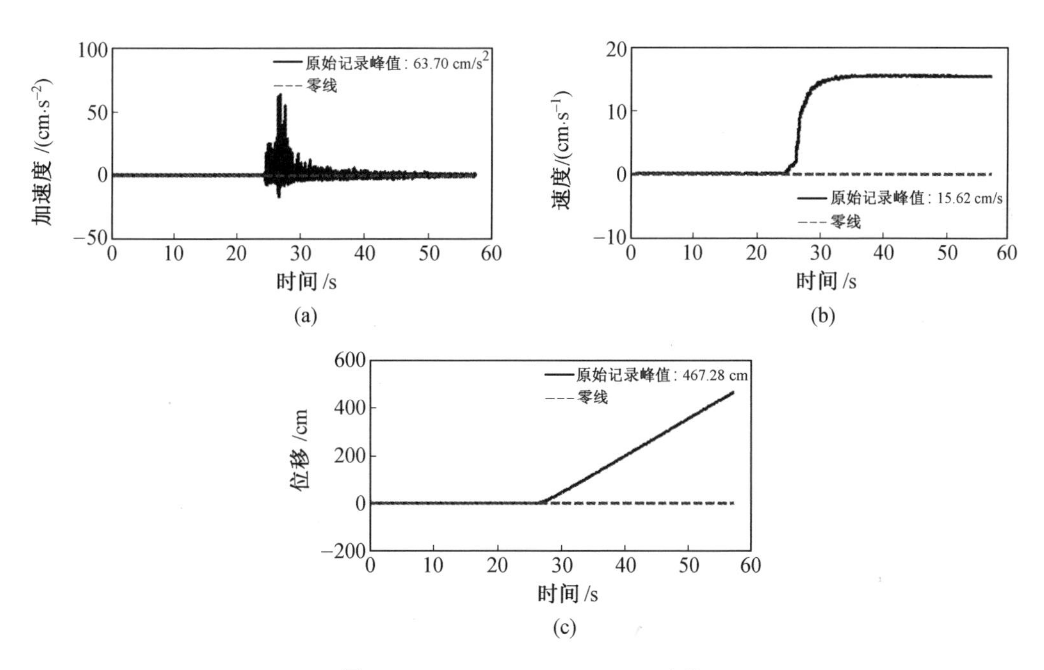

图 2.19　080628022054L2018a 时程

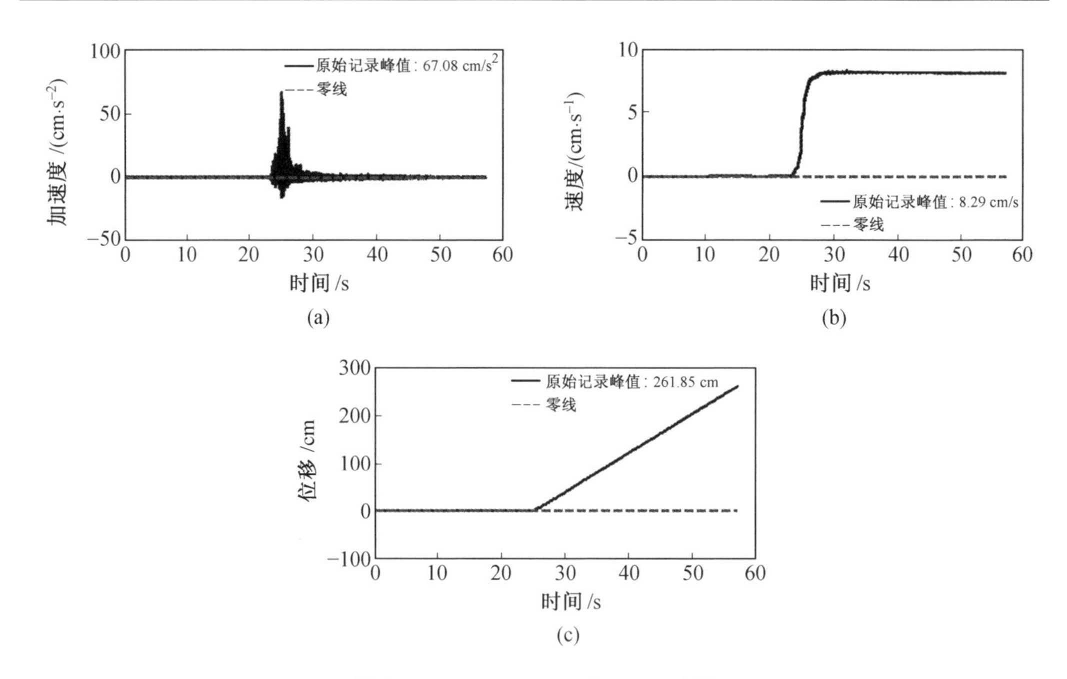

图 2.20　080714001315L2018a 时程

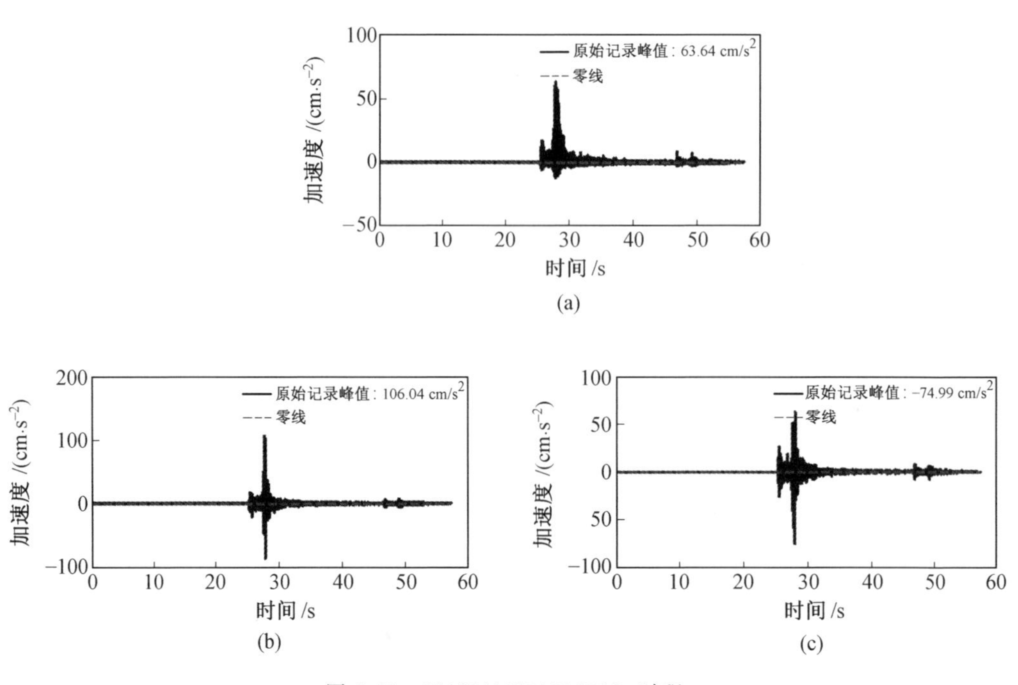

图 2.21　080804171912L2018a 时程

这种现象在“5·12”汶川主震固定台宜宾高场[46-47]中也出现过，宜宾高场地震动记录加速度时程三分量如图2.22所示，相比东西向，其南北向与垂直向出现了明显的非对称现象。2011年2月21日新西兰基督城发生6.3级地震，非对称加速度时程如图2.23所示，地震动垂直向出现明显的非对称大振幅加速度波形，向上的波形要大于向下的波形。不对称波形的产生可能是由于近地表土层产生轻微分离然后又返回，打击分离表面所致[48]。非对称加速度时程(0～4 s)如图2.24所示。向上加速度显示出具有狭长大振幅跳动，而向下的脉冲具有宽度较小、振幅较小的特点。Tobita等人[49]研究认为，运动的非对称性，主要是由于负向加速度较低的振幅，在大多数情况下，由于地面材料的扰动而产生压应力，从而产生了重力加速度和高的正向脉冲。据2008年10月30日的《科学》杂志报道，日本的一次最近的地震显示，地震除了会使地面水平摇动之外，还能在垂直方向将地面抬升，就好像地球的表面在一个蹦床上弹跳一般。Aoi等人[50]对日本发生的一个6.9级的地震中所记录到的地震动记录进行了分析。地震时地面上下跳动，其加速度比重力加速度要大4倍以上。因此，他们将这种不对称波形归于“蹦床效应”。对于这种“非对称波形”很难合理地进行调整，因此很难将该类型的加速度记录应用到地震工程的研究中。

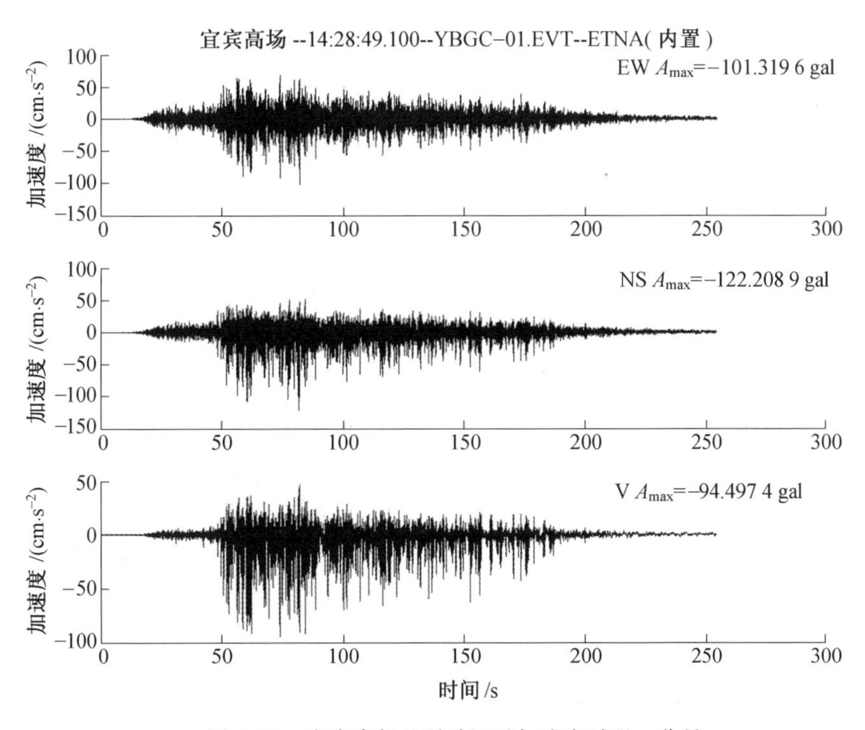

图2.22 宜宾高场地震动记录加速度时程三分量

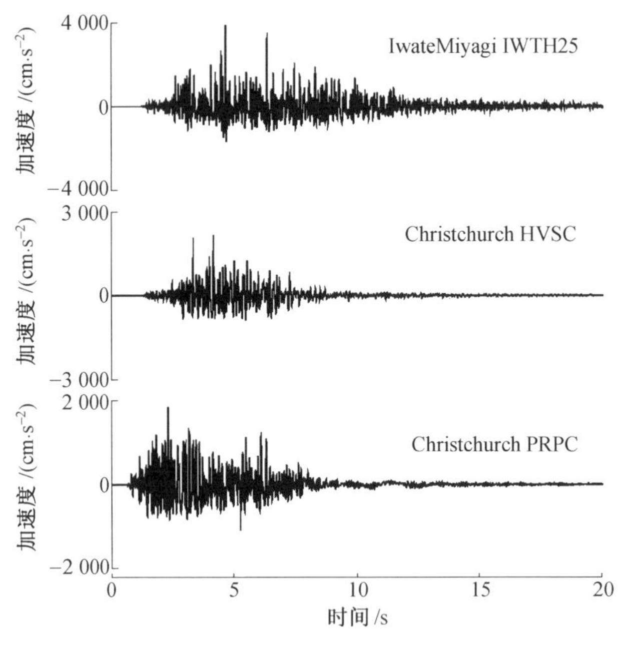

图 2.23　非对称加速度时程[48]

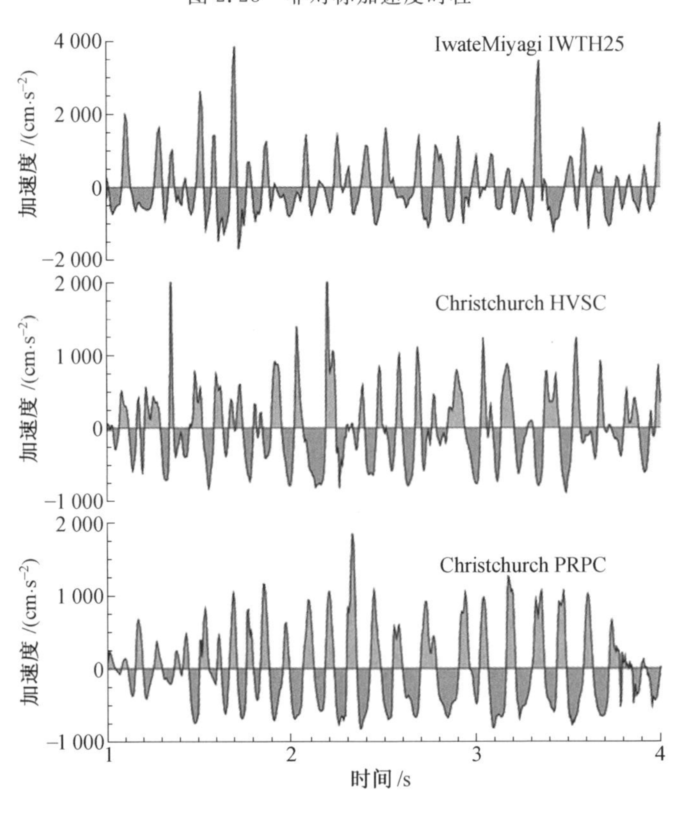

图 2.24　非对称加速度时程(0～4 s)[48]

2.3.3　明显的基线漂移

基线漂移是地震动记录非标准误差的另一个来源。不仅是模拟记录，数字记录加速度也会产生明显的基线漂移。如图 2.25 所示，芦山地震余震记录中，记录 51QLY20130420O9370001.XMR[51-52]的原始加速度波形在 50 s 附近出现了基线水平上移的现象，通过加速度记录中的前 n 个数据点的累加来确定基线出现明显平移的位置，加速度记录基线开始出现明显平移的时间点在 47.79 s 处。造成该现象的原因，可能是由于“卡摆”或地震过程中仪器墩的倾斜，造成传感器零点偏移所致。

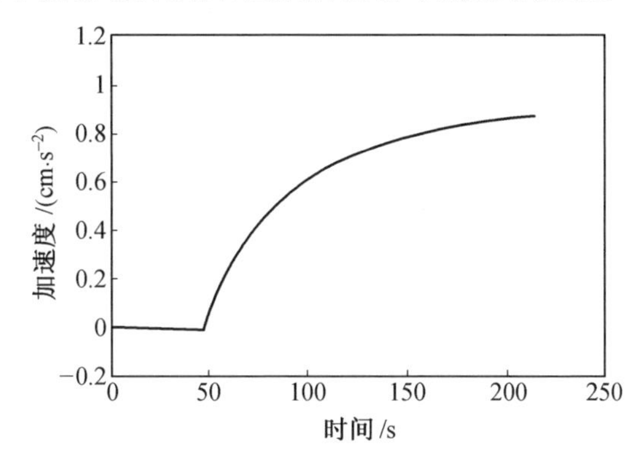

图 2.25　加速度记录基线平移时间点的确定

校正前后的加速度、反应谱如图 2.26～2.29 所示。平移前后，加速度时程的峰值及所在时刻并未发生改变，绝对加速度反应谱的峰值由 25.82 cm/s^{2}降为 25 cm/s^2，下降幅度仅为 3.2%，所在周期位置未发生改变，0.2～10 s 间，平移后的谱值处于下降阶段，在 10 s 时下降幅度最大；相对速度反应谱的峰值由 1.84 cm/s 降为 0.59 cm/s，下降幅度为 67.9%，所在周期位置由 10 s 变为 0.2 s，1～10 s 间，平移后的谱值处于下降阶段；相对位移反应谱的峰值由 5.60 cm 降为 0.43 cm，下降幅度为 92.3%，所在周期位置未发生改变，0.4～10 s 间，平移后的谱值处于下降阶段。因此，记录的平移对于地震动时程和谱的特性影响都比较大。在进行相关数据研究前，如果没有对该类数据进行必要的校正，甚至会给相关研究带来相当大的影响。

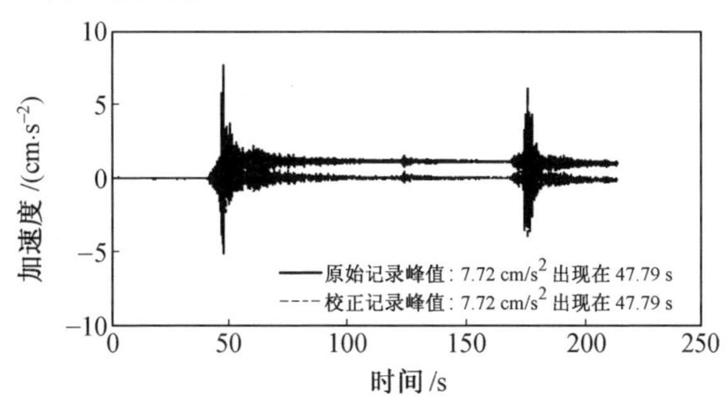

图 2.26　加速度时程

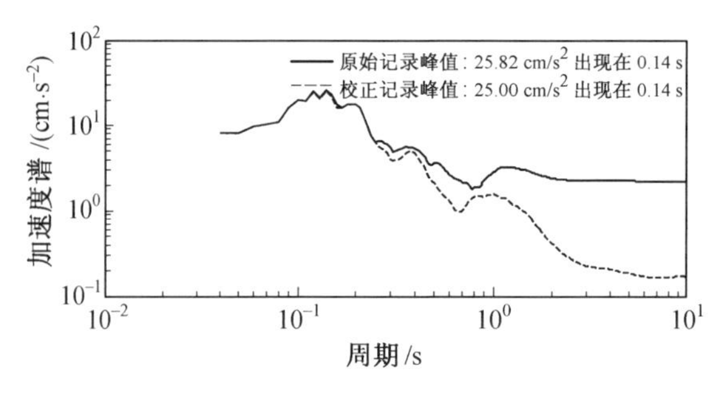

图 2.27　绝对加速度反应谱

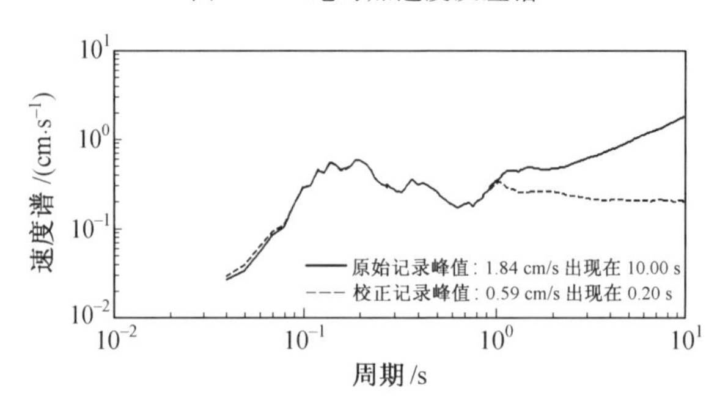

图 2.28　相对速度反应谱

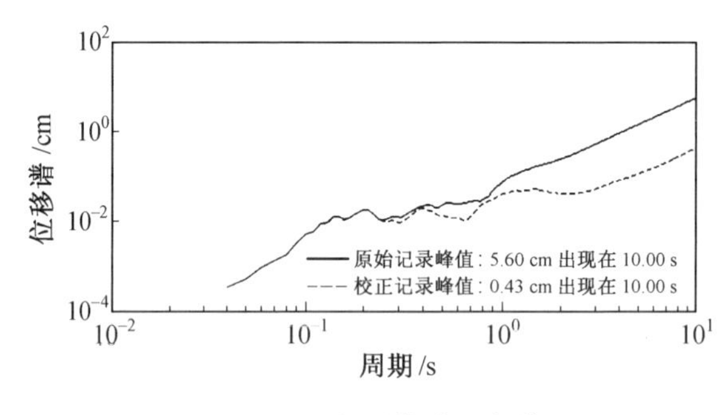

图 2.29　相对位移反应谱

2.4　小　　结

由强震仪获得的原始加速度记录，是我们进行地震动观测的最直接产品，也是进行科学研究和工程应用的第一手资料。因此，为了防止由于基础数据的畸变给研究带来危害，力求所选择的地震动记录在未校正或经过简单的处理后就能够真实地反映场地或结构的地震动特性。然而，应该清楚地意识到，并非所有的加速度记录都是高质量的。因此，为了保证地震工程研究的可靠性，需要舍弃较低品质的数据，选择质量较高的地震动数据，去伪存真，消除噪声的影响，挖掘地震动的真实信息。对于一般记录，仅做基线校正或滤波就可以满足我们的研究需要，然而也存在一些像具有“尖刺”现象、非对称波形和显著基线漂移现象的奇异波形，仍需要引起我们的重视，因为奇异波形的出现直接影响到时程、频谱及反应谱的特性。为此，既要搞清楚其产生的机理，也要给出合理的处理方法。目前，该方面的研究已取得初步成果。但是，关于基线漂移的机理研究还不够透彻，现有的基线校正方法在通用性方面还有待进一步加强。因此，关于地震动记录的处理有待开展更加深入的研究。

第3章 地震动特征及潜在破坏势

3.1 引 言

对结构抗震来讲，地震动是工程结构抗震设防的基本依据。地震动本身是一种短暂的运动，性质十分复杂，如何准确把握其特征至关重要。地震动的潜在破坏势是指地震动对工程结构的破坏作用，它可以用来定量研究结构（或构件）在实际地震后产生何种程度的破坏，从而进一步指导结构设计、加固改造、反应控制等工程实践。何种原因造成结构的破坏、失效，以及地震动的各个破坏性参数与它的破坏能力有何关系等都是潜在破坏势所要研究的范畴。

各种地震动参数都可以在一定程度上表示地震动的潜在破坏势，但何种参数能更可靠地表达其潜在破坏势至今仍未有一致的结论。近年来，世界各国的抗震设计规范均规定抗震设计中应采用动力时程分析法对重要工程结构（如大跨桥梁，特别不规则建筑、高度超出规定范围的高层建筑）进行验算。对动力时程分析法来讲，如何选择合适的输入地震动是一个非常关键的问题。但目前的抗震设计规范对于如何选择输入地震动的相关规定比较模糊，工程技术人员很难具体操作。同时在进行结构试验时，无论是模拟振动台试验还是伪动力试验，都会遇到选择实际地震动输入的问题。

本章首先在概述表征地震动潜在破坏势各种物理量的基础上，以 RC 框架为例提出了评价地震动潜在破坏势的方法，然后给出了最不利设计地震动的概念、确定方法及原则，推荐了适用于不同场地、不同结构周期的设计地震动。

3.2 地震动特征参数

根据地震的宏观震害经验和仪器测量数据的分析和总结，一般认为对于工程抗震而言，地震动的特性可以通过其三要素来描述，即地震动的幅值、频谱和持时，这 3 个要素的不同组合决定着地震动对工程结构的破坏作用[1]。但由于地震动特性十分复杂，且不同工程结构的动力特性也各不相同，因此很难用这 3 个参数确切地表征地震动特性。对于如何合理地表示地震动的特性，各国学者进行了深入的研究，取得了长足的进展。

自从 20 世纪 30 年代加速度记录仪问世以来，迄今已收集到了大量的地震动记录。根据这些仪器记录，研究者提出了不同的参数来表征地震动的潜在破坏势，这些参数既包括简单的仪器记录峰值，又包括经过复杂的数学推导才能得出的参数。本书将地震动参数分为两类分别介绍：第一类为直接由地震动本身得到的参数，第二类为通过结构反应得到的参数，分类的详细情况见表 3.1。

表 3.1　地震动参数分类表

由地震动记录直接得到的参数	由结构反应得到的参数
3 个基本峰值参数（PGA、PGV、PGD）	3 个谱参数（S_a、S_v、S_d）
峰值速度/峰值加速度（PGV/PGA）	第一周期谱加速度指标 $S_a(T_1)$
3 个均方根参数（RMSA、RMSV、RMSD）	Housner 谱强度（SI(ξ)）
持时	Riddell 指标（I）
阿里亚斯烈度（I_a）	最大层间位移角（Story Drift Ratio）
Housner 强度（P）	顶层位移（Roof Displacement）
Nau 和 Hall 指标	基底剪力系数（Base Shear Coefficient）
Fajfar 指标（IF）	有效峰值加速度（EPA）
累积绝对加速度（CAV）	有效峰值速度（EPV）
特征强度（I_c）	整体破坏指数（OSDI）
特征能量密度（SED）	
最大增量速度（MIV）和最大增量位移（MID）	

3.2.1　直接由记录本身得到的地震动参数

这里所说的直接由地震动本身得到的参数，主要包括：峰值加速度、峰值速度、峰值位移、持时（括号持时、能量持时）、最大增量速度（MIV）、最大增量位移（MID）和阿里亚斯烈度（Arias Intensity）等参数。

1. 峰值加速度、峰值速度、峰值位移

这类参数因为具有简单、直观的物理意义及计算简便等优点，所以被人们较早地认识和接受。PGA 是人们最早使用的，也是目前大多数国家采用的地震动特征参数。从静力学的角度考虑地震动，人们直观地认为 PGA 可以作为地震动强弱的标志，因为由它与质量之积所得的惯性力可代表地震动对结构的破坏作用。然而，如果加速度峰值很大而持时不长，在弹性阶段不会引起很大的共振或很大的弹性反应，在塑性阶段也就不会使结构产生比较大的损伤破坏。以往的震害也表明了这一点，例如 1985 年的 Mexico 地震，距震中 400 km 远的墨西哥城中水平加速度分量的峰值只有 0.17g，但在这个城市中的结构破坏却比峰值加速度高达 0.6g 的 1986 年 San Salvador 地震中的结构破坏要严重得多[53]。

PGV 也是一个重要的地震动强度参数，这是因为 PGV 直接与地震动的能量有关，从而可以从一定程度上反映地震动的强度。PGD 也可以从一定程度上反映地震动的潜在破坏势，这主要是由于 PGD 与结构的位移有关。

无论是用 PGA、PGV 还是用 PGD 作为表示地震动强弱的参数，其主要目的都是出于工程应用的简便性，人们可以将地震动的破坏作用看成一种简单物理量的作用。近几年来，随着地震动记录数目的逐渐增多以及人们对地震动认识的日渐深入，地震动的频谱特性和持时越来越受到人们的重视，各国学者也更多地提出许多综合性的参数以期更全面地反映地震动的特性。

2. **持时**

无论是人还是仪器，感知地震动的持续时间(持时)有长有短。大多数地震工程学家也都认为地震动持续时间是地震动特性的三要素之一，对结构的破坏有重要的影响。地震动持时对结构物破坏的积累效应不能从弹性振动来解释，必须从足以产生非弹性变形的地震动强度来分析。

尽管对地震动持时的准确计算存在困难，但以下3点认识是一致的[53]：第一，持时要与震动幅值相联系，这样从工程意义上讲才较为合理；第二，持时应定义为地震动中对结构起决定作用的时段，即主震段或强震段的持续时间，而不是震动的全过程；第三，震级是影响持时的关键因素。

Bolt 的括号持时[54]是以记录的加速度绝对值第一次和最后一次达到或超过规定值所经历的时间作为持时定义。这一定义无法考虑地震记录中地震动强度的相对分布，且持时的长短与所规定的阈值有很大的关系，带有很大的主观性，例如以 $0.1g$ 作为定义持时的阈值时，则在离震中较远处，就可能因记录的加速度幅值未超过 $0.1g$ 而使持时为零。这表明该定义在这种情况下很可能使人误解为没有震动。而实际震害表明当地震动的峰值小于 $0.1g$，甚至小于 $0.05g$ 时，也有可能导致结构的破坏。

为避免定义地震动持时的任意性和主观性，谢礼立教授[55-56]提出了工程持时(Engineering duration)的概念，工程持时定义为记录的加速度绝对值第一次和最后一次达到或超过屈服加速度 a_y 所经历的时间，屈服加速度 a_y 定义为

$$a_y = Q_y/(M \cdot \beta(T)) \tag{3.1}$$

式中 Q_y——给定结构的屈服强度(作为单自由度体系)；

M——结构的质量；

$\beta(T)$——对应给定基本周期 T 和阻尼比的地震动加速度反应谱的谱值。

Kawashima 和 Aizawa[57]的括号持时是以记录加速度绝对值达到或超过某个相对限值所经历的时间来定义持时，其超越限值的选取同样带有较强的主观性。当记录的加速度峰值很大时，作为超越界限的加速度也会相对很大。这就无法排除当地面运动尚未进入定义的持时阶段时，结构已经进入非线性阶段，甚至可能发生严重损伤或破坏的情况。

除上面提到的几个持时定义外，还有现在广泛应用的 Trifunac-Brady[58] 所给出的相对能量持时。Husid[59]曾提出用积分 $\int_0^t a^2(t)\mathrm{d}t$ 表示地震动的能量随时间的增长，或用其正规化后的值表示

$$I(t) = \frac{\int_0^t a^2(t)\mathrm{d}t}{\int_0^T a^2(t)\mathrm{d}t} \tag{3.2}$$

式中 T——地震动的总持时；

$I(t)$——一个从0到1的函数。

Trifunac-Brady 给出的相对能量持时为

$$T_\mathrm{d} = T_2 - T_1 \tag{3.3}$$

T_1 与 T_2 由下式确定

$$\begin{cases} I(T_1)=0.05 \\ I(T_2)=0.95 \end{cases} \quad 或 \quad \begin{cases} I(T_1)=0.15 \\ I(T_2)=0.85 \end{cases} \tag{3.4}$$

前者称为90%持时，后者称为70%持时。相对能量持时之所以受到广泛应用，原因有：①持时只是地震动的参数之一，它可以与地震动的其他参数(如加速度峰值或反应谱)一并使用，因此地震动的振幅已有反映，而不必在持时中再包括它；②能量持时突出了大震动振幅的影响。其中，主震段或强震段的振幅越大，时间越长，能量累积越快，是构成总能量的最主要部分，对结构反应的影响也大。震级越高，能量越大，地震释放能量的时间越长，相应的能量持时就越长，因而采用相对能量持时可以比较客观地反映地震动的强震时间。

3. 最大增量速度、最大增量位移

随着人们认识水平的不断提高，现在越来越认识到用峰值加速度反映地震动潜在破坏势并不一定是个好的选择，例如一个很大的峰值加速度往往只伴随着一个持时很短的高频加速度脉冲，当作用到结构上时，只需要一个很小的结构变形便能把脉冲的大部分能量吸收掉。而另一方面，一个中等量值的峰值加速度且伴有相当长持续时间的低频加速度脉冲就足以使结构产生严重的变形。由于这个原因，Anderson 和 Bertero[60]建议采用最大增量速度(Maximum Incremental Velocity，MIV)和最大增量位移(Maximum Incremental Displacement，MID)来刻画近断层区域的地震动破坏势，增量速度代表加速度脉冲下的面积，实际上代表速度变化的增量，它与质量的乘积代表结构的动量或者相当于地震荷载的冲量作用，因此速度变化越大，加速度脉冲下的面积也就越大；类似地，速度脉冲下的面积等于增量位移。

4. 其他

有研究[61-63]指出，地震动峰值速度与峰值加速度之比(PGV/PGA)可以衡量地震动对结构的破坏性，破坏势较大的地震动表现出更大的 PGV/PGA 值，也有研究[64-65]表明 PGV/PGA 可能与地震动的能量需求有关。

均方根加速度(Root Mean Square Acceleration，RMSA)、均方根速度(Root Mean Square Velocity，RMSV)和均方根位移(Root Mean Square Displacement，RMSD)的定义为

$$\mathrm{RMSX}=\left[\frac{1}{t_E}\int_0^{t_E} x^2(t)\,\mathrm{d}t\right]^{1/2} \tag{3.5}$$

式中　$x(t)$—— 地震动的加速度、速度或位移；

t_{E} ——地震动持时。

基于 RMSA，又提出了两个参数 I_{a} 和 P_{D} 。Arias(阿里亚斯)[66]建议用单位质量弹塑性体系的总滞回耗能作为结构地震响应参数，提出了一个与结构单位质量总滞回耗能相关的参数 I_{a} 来估量地震动的强度

$$I_{\mathrm{a}}=\frac{\pi}{2g}\cdot t_{\mathrm{E}}\cdot \mathrm{RMSA}^2=\frac{\pi}{2g}\int_0^{t_{\mathrm{E}}} a_{\mathrm{g}}(t)^2\,\mathrm{d}t \tag{3.6}$$

式中　I_a ——阿里亚斯烈度(Arias Intensity),其他参数的物理意义同式(3.5)。

虽然 I_a 是度量弹性结构体系平均输入能量的一个工具,但它过高地估计了长持时、大幅值并且频段很宽的地震动的破坏能力[67]。

参数 P_D 由 Saragoni[68]提出,其表达式为

$$P_D = I_a / v_0^2 \tag{3.7}$$

式中　v_0 ——单位时间内穿越横坐标的次数。Saragoni[68]根据 1985 年 Chile 地震震害资料指出,所收集到的震害与 P_D 有较好的相关性,因此认为与 I_a 相比,P_D 是一个更好地表征地震动潜在破坏势的参数。

以上几个积分参数均依赖于地震动持时,作为地震动特性的三要素之一,地震动持时对结构破坏确实有着重要的影响。加速度峰值较大而持时非常短的地震动对结构的破坏性不一定很大,例如,1972 年的 Ancona 地震。而加速度峰值较小但持时较长的地震动对结构的破坏也可能非常大,例如 1985 年的 Mexico 地震。

Housner 认为地震对结构的破坏能力可以通过输入结构单位质量的总能量在时间域上的平均量来衡量。考虑到结构总输入能量与地震加速度平方的积分成正比,因此提出了如下形式的地震动特征参数[69]

$$P = \frac{1}{t_2 - t_1}\int_{t_1}^{t_2} a^2(t)\mathrm{d}t \tag{3.8}$$

式中　t_1、t_2—— 地震动地震持时的始末时刻;

$a(t)$—— 地震动加速度时程记录。

该公式表达的物理含义是加速度平方在 t_1 至 t_2 时间域内的平均值。引入有效地震持时 t_D ,Housner 参数可以写成

$$P_a = \frac{1}{t_D}\int_{t_5}^{t_{95}} a^2(t)\mathrm{d}t \tag{3.9}$$

同理,我们把上述方法推广到速度或位移,可得到速度平方参数和位移平方参数

$$P_v = \frac{1}{t_D}\int_{t_5}^{t_{95}} v^2(t)\mathrm{d}t \tag{3.10}$$

$$P_d = \frac{1}{t_D}\int_{t_5}^{t_{95}} d^2(t)\mathrm{d}t \tag{3.11}$$

式中　$v(t)$、$d(t)$——地震动速度时程和位移时程。进一步对上述指标做开方处理,得到

$$\begin{cases} a_{rms} = \sqrt{P_a} \\ v_{rms} = \sqrt{P_v} \\ d_{rms} = \sqrt{P_d} \end{cases} \tag{3.12}$$

Nau 和 Hall[70]对阿里亚斯烈度做简化后,得到

$$\begin{cases} E_a = \int_0^{t_E} a^2(t)\mathrm{d}t \\ E_v = \int_0^{t_E} v^2(t)\mathrm{d}t \\ E_d = \int_0^{t_E} d^2(t)\mathrm{d}t \end{cases} \tag{3.13}$$

式中　t_E ——地震动持时。Nau 和 Hall 所提出的参数也可以得到对应的平方根形式

$$\begin{cases} a_{rs}=\sqrt{E_a} \\ v_{rs}=\sqrt{E_v} \\ d_{rs}=\sqrt{E_d} \end{cases} \tag{3.14}$$

Fajfar 等人[71]研究了地震动强度与结构损伤程度及地震输入能量的关系后，提出了适用于中长期结构的参数

$$I_F=v_{max}t_E^{0.25} \tag{3.15}$$

式中　v_{max} ——地震动峰值速度；

t_E ——地震动总持时。

Kramer[72]提出了一种对地震动加速度时程绝对值进行积分的参数，定义如下

$$\mathrm{CAV}=\int_0^{t_E} |a(t)| \mathrm{d}t \tag{3.16}$$

式中　CAV——累积绝对速度(Cumulative Absolute Velocity)；

$a(t)$ ——加速度时程。

Park 等人[73]在研究结构损伤程度与地震动强度参数之间的关系后，提出了一种能够较好地描述二者之间关系的参数，其表达式为

$$I_c=(\mathrm{RMSA})^{3/2}\cdot\sqrt{t_E} \tag{3.17}$$

式中　I_c ——特征强度(Characteristic Intensity)；

RMSA——前面所提到的均方根加速度；

t_E ——地震动持时。

特征能量密度(Specific Energy Density,SED)的定义如下

$$\mathrm{SED}=\int_0^{t_E} v^2(t)\mathrm{d}t \tag{3.18}$$

式中　$v(t)$——地震动速度时程；

t_E ——地震动总持时。

3.2.2　通过结构反应得到的地震动参数

加速度谱峰值也时常作为表示地震动强度的参数，将此概念推广，速度谱和位移谱的峰值也可作为地震动强度参数。由此得到由谱峰值表达的地震动参数，即谱加速度峰值 S_a、谱速度峰值 S_v、谱位移峰值 S_d 。Bazzurro 等人[74]提出与结构基本周期对应的有阻尼的谱加速度值 $S_a(T_1)$ 来度量地震动的破坏势，然而这一参数较适用于中短周期结构，对受高阶振型影响较大的长周期结构不太适用。

Housner[69]于 1952 年提出弹性结构地震反应的最大应变能 $E_{e,max}$ 与拟速度谱 S_v 存在如下关系

$$E_{e,max}=mS_v^2/2 \tag{3.19}$$

由此，他认为结构的反应谱值可以作为地震动强度指标，并定义了地震动谱烈度

$$S_I(\xi)=\int_{0.1}^{2.5} S_v(\xi,T)\mathrm{d}T \tag{3.20}$$

式中　S_v——对应阻尼比为 ξ 的拟速度谱；

　　T——结构周期。

谱烈度也是一个从能量的角度表征地震动潜在破坏势的参数，但它的一个明显的缺点是没有考虑地震动持时对结构所造成的累积损伤，仅用地震动本身或地震动作用下结构的弹性反应得出的参数来估计地震动潜在破坏势是不充分的。

Riddell 和 Garcia[75] 采用以下形式来反映地震动特性，其中

$$I = Q^{\alpha} t_E^{\beta} \tag{3.21}$$

式中　Q——地震动参数；

　　t_E——地震动持时。

在对不同周期、不同延性的结构采用不同的指标及参数进行滞回耗能统计分析后，Riddell 和 Garcia 建议了如下三参数指标

$$I_d = d_{\max} t_E^{1/3} \tag{3.22}$$

$$I_v = v_{\max}^{2/3} \cdot t_E^{1/3} \tag{3.23}$$

$$I_a = \begin{cases} a_{\max} t_D^{1/3} \\ a_{\max} \end{cases} \tag{3.24}$$

式(3.22)、式(3.23)分别适用于反应谱的位移频段和速度频段，式(3.24)适用于加速度频段。

有研究[76]指出，在进行结构或非结构构件破坏的评估时，最大层间位移角、顶层位移可以用来作为其工程需求参数。研究[77]指出，层间位移角的大小与结构实际震害相关性较大，并可以反映其破坏。

有效峰值的概念是人们为了克服地震动中的高频分量对大多数结构物的反应或破坏并不起关键作用而提出的，因为从结构抗震来看，只有对结构反应有明显影响的参数才是重要的，而有效峰值加速度(EPA)、有效峰值速度(EPV)的提出正是出于这一目的。

文献[78]中将阻尼比为 5% 的加速度反应谱在 0.1～0.5 s 这一周期段的谱值平均作为一个常值 S_a，将阻尼比为 5% 的速度反应谱在周期为 1 s 附近的谱值平均作为一个常值 S_v，具体定义为

$$\mathrm{EPA} = S_a/2.5\,, \quad \mathrm{EPV} = S_v/2.5 \tag{3.25}$$

这样定义的有效峰值加速度在地震动中包含高频分量时明显小于真实的峰值加速度，它可以弥补峰值加速度与结构的最大内力无法直接联系这一缺点。其中，2.5 的物理意义为地震动加速度反应谱较 PGA 的平均放大倍数。

近年来，许多学者应用能量耗散来反映结构的塑性累积损伤，认为结构能量反应及其谱形既计算简单又能较好地反映地震动特性(幅值、频谱和持时)对结构破坏的影响。地震动对工程结构的影响是结构通过阻尼和结构的弹塑性变形耗散地震能量来反映的。结构耗散地震动能量的途径一般有两种：一种是滞回耗能；另一种是阻尼耗能。前者指的是通过结构的非弹性变形来耗能，后者是通过阻尼来耗能。由于塑性变形的不可恢复性，一般认为滞回耗能可以直接引起结构破坏，并将其作为衡量结构塑性累积损伤的重要指标。

基于结构在地震动作用下的累积损伤，不同的学者[79-82]提出了不同的参数来表征地震动的潜在破坏势。文献[67，83-87]提出用地震动的输入能量作为表征地震动潜在破坏势的参数，认为它比滞回耗能更稳定。然而，对高层建筑结构而言，地震动输入能量的一大部分将以动能和弹性应变能的形式存在，这些能量对结构的累积损伤破坏带来的影响又不是很明显，因而用地震动的输入能量来表征地震动潜在破坏势的可靠性也值得商榷。

混凝土结构在地震作用下的破坏程度可以采用修正的 Park－Ang 结构破坏指数[88]（Damage Index，DI）来表征，构件破坏指数的定义为

$$DI_i = \frac{\theta_m - \theta_r}{\theta_u - \theta_r} + \beta \frac{E_{i,d}^e}{M_y \theta_u} \tag{3.26}$$

式中　θ_m—— 第 i 构件端部截面的最大转角；

θ_r—— 第 i 构件端部截面可恢复转角；

θ_u—— 单元端部截面的极限转角；

M_y—— 第 i 构件端部截面屈服弯矩；

$E_{i,d}^e$—— 第 i 构件端部截面处消耗的能量；

β—— 第 i 构件强度衰减参数，一般在 0～0.85 之间变化。

第 j 层破坏指数为

$$DI_j^a = \sum_i \frac{E_{i,a}^e}{\sum E_{i,a}^e} \cdot DI_i^e \tag{3.27}$$

结构整体破坏指数（OSDI）为

$$OSDI = \sum_j \frac{E_{j,a}^e}{\sum_j E_{j,a}^a} \cdot DI_j^a \tag{3.28}$$

式中　$E_{i,a}^e$ ——构件吸收的能量；

$E_{j,a}^e$ ——第 j 层吸收的能量。

很明显，参数 $OSDI$ 是基于位移延性和耗散能量的线性组合，其取值可用于描述结构在地震中的破坏程度。当 $OSDI>1$ 时，结构会发生倒塌；当 $OSDI<0.5$ 时，结构发生不可修复的破坏；当 $0.5<OSDI<1.0$ 时，不会发生结构倒塌，但结构已不可修复；当 $OSDI<0.2$时，结构的破坏是无关重要的[89]。

3.3　地震动潜在破坏势的评价

如何估计和比较地震动对结构的破坏作用，一直是国内外抗震研究中一个十分重要的问题。目前，用来估计和比较地震动潜在破坏势的参数很多，如震级、烈度、峰值加速度、峰值速度、峰值位移、最大增量速度、最大增量位移、有效峰值加速度、有效峰值速度、位移延性、输入能量、滞回能量等，究竟用哪个参数更能确切地表征地震动潜在破坏势，迄今未能取得比较一致的意见。

震级可用来测量地震中所释放的能量，但是不能用来估计远离震中的破坏。烈度是人们试图用一个描述给定场地上工程和地表的破坏现象以及人的主观感觉的物理量来度量该地点地面震动的强烈程度，是对该地点周围一定范围内平均水平而言的，这是在还没有强震仪器之前，地震动的强弱不得不以宏观现象为依据的情况下产生的表征参数。由于地震烈度不仅取决于地震动本身的大小，同时还受震源处岩层错动的方向、震源深度、震中距、地震波的传播介质、表土性质、地下水埋藏深度等各种因素的影响，而且结构所遭受的地震破坏还受到结构的动力特性、设计方法、建筑材料、建筑方法施工质量和维护情况等许多条件的综合影响，虽然烈度在一定程度上也反映了地震动的潜在破坏势，但如果不加区别地用烈度来表示地震动的强弱则可能引起误解，甚至得到错误的结论。

本章将在区别近断层速度脉冲型地震动和远场地震动的条件下，对地震动参数与表示结构破坏的参数进行相关性分析，得到反映二者潜在破坏势的参数表达。

3.3.1 地震动记录及结构模型

本章选择了120条近断层速度脉冲型地震动记录与125条远场地震动记录，其中近断层速度脉冲型地震动主要是在1999年9月21日台湾Chi－Chi地震、1999年11月12日Duze地震、1979年10月15日Imperial Valley地震、1995年Kobe地震、1999年11月12日Kocaeli地震、1989年10月18日Loma Prieta地震、1984年4月24日Morgan Hill地震、1994年1月17日Northridge地震、1986年7月8日Palm Springs地震、1966年6月28日Parkfield地震、1987年11月24日Superstitn Hill地震、1987年Whitter Narrows地震、1992年3月13日Erzincan地震、1978年9月16日Iran Tabas地震、1992年6月28日Landers地震、1971年2月9日San Fernando地震、1979年8月6日Coyote Lake地震、1992年4月24日Cape Mendocino地震等地震中记录到的，这些近断层速度脉冲型地震动基本上包括了近几十年来世界范围内的历次著名地震，而远场地震动主要选自1999年9月21日台湾Chi－Chi地震和1994年1月17日Northridge地震。

为研究地震动对工程结构的潜在破坏势，依据中国规范设计了5个混凝土结构，其中4个为框架结构(5层、8层、11层和15层)，一个为框架剪力墙结构(22层)，结构7度抗震设防，二类场地，5层结构代表低层建筑结构，8层和11层结构代表中层建筑结构，15层和22层结构代表高层建筑结构。各结构的立面图分别如图3.1和图3.2所示。

结构动力反应的计算采用平面结构非线性动力时程分析程序IDARC－2D[90]。计算过程中假定楼板平面内刚度无限大。钢筋混凝土构件的恢复力模型采用三线型骨架曲线模型，采用刚度退化系数α、强度退化系数β和捏缩效应系数γ来综合反映构件的滞回规律。计算中，采用$\alpha=8.0$、$\beta=1.0$、$\gamma=0.5$，塑性按集中塑性考虑。

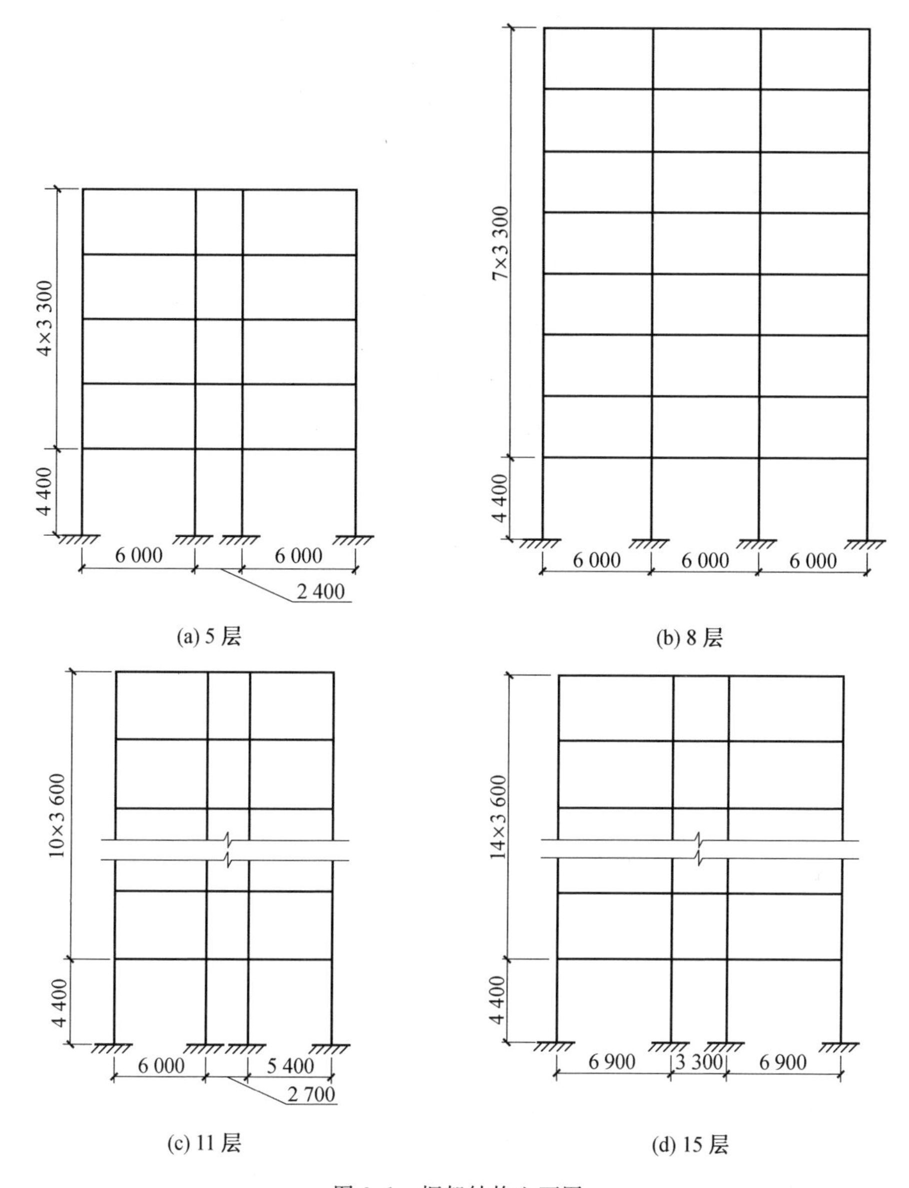

图 3.1　框架结构立面图

框架结构计算时采用一榀框架模型，5 层、8 层、11 层、15 层框架结构和 22 层框架剪力墙结构的编号分别为 J－1、J－2、J－3、J－4 和 J－5，各结构的基本自振周期分别为 0.89 s、1.73 s、1.89 s、2.73 s 和 2.21 s。

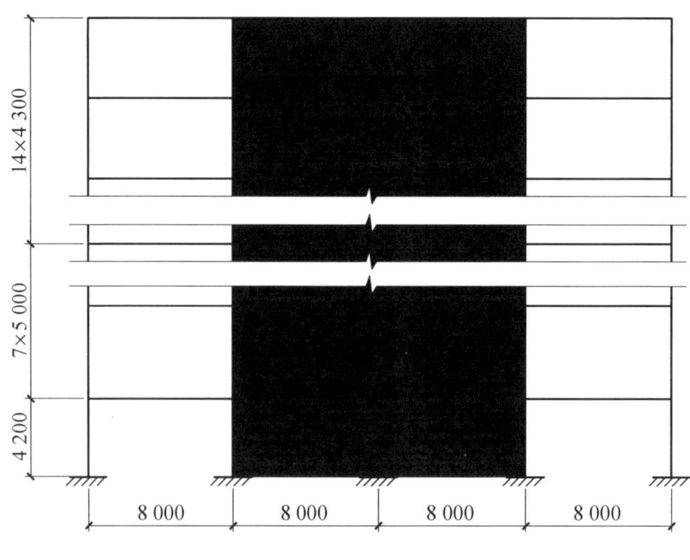

图 3.2　22 层框剪结构立面图

各结构模型所涉及的截面尺寸、配筋、层高、混凝土和钢筋强度等级等参数分别列于表 3.2～3.4。

表 3.2　框架结构梁尺寸及配筋参数

结构编号	楼层	混凝土	截面尺寸/mm			支座/mm²				跨中/mm²		
			AB	*BC*	*CD*	*A*	*B*	*C*	*D*	*AB*	*BC*	*CD*
J－1	1～4	C30	500×250	400×250	500×250	1 008	1 008	1 008	1 008	763	763	763
	5	C30	500×250	400×250	500×250	763	763	763	763	763	603	603
J－2	1～4	C30	500×250	500×250	500×250	1 296	1 296	1 296	1 296	710	710	710
	5～6	C30	500×250	500×250	500×250	1 015	1 015	1 015	1 015	710	710	710
	7～8	C30	500×250	500×250	500×250	710	1 074	1 074	710	833	1 074	833
J－3	1～4	C30	600×250	400×250	500×250	1 610	1 964	1 964	1 473	833	1 074	833
	5～6	C30	600×250	400×250	500×250	1 610	1 964	1 964	1 473	833	833	710
	7～10	C30	600×250	400×250	500×250	1 256	1 256	1 256	1 256	833	710	603
	11	C30	600×250	400×250	500×250	942	942	942	829	833	710	603
J－4	1～7	C35	600×300	500×300	600×250	1 964	1 964	1 964	1 964	833	1 140	833
	8～10	C35	600×300	500×300	600×250	1 742	1 742	1 742	1 742	833	833	833
	11～12	C30	600×300	500×300	600×300	1 520	1 520	1 520	1 520	833	833	833
	13～14	C30	600×300	500×300	600×300	1 250	1 250	1 250	1 250	833	833	833
	15	C30	600×300	500×300	600×300	942	942	942	942	833	603	833

注：*AB*、*BC*、*CD* 为结构第一跨、第二跨和第三跨，*A*、*B*、*C* 和 *D* 为相应跨节点；构件的配筋主筋均为Ⅲ级钢，箍筋均为Ⅰ级钢，ϕ8@100/200

表 3.3　框架结构柱尺寸及配筋参数

结构编号	楼层	混凝土	尺寸(高×宽)/(mm×mm)		主筋面积/mm²	
			边柱	中柱	边柱	中柱
J－1	1～5	C30	500×500	500×500	2 512	2 512
J－2	1～4	C30	550×550	550×550	1 137	1 137
	5～8	C30	500×500	500×500	911	911
J－3	1～6	C30	600×600	600×600	3 807	3 807
	7～11	C30	550×550	550×550	3 411	3 411
J－4	1～5	C35	800×800	800×800	5 472	5 472
	6～10	C35	750×750	750×750	4 759	4 759
	11～15	C30	650×650	650×650	4 025	4 025

注：边柱和中柱均采用Ⅲ级钢，箍筋均为Ⅰ级钢，为 ϕ8@100/200

表 3.4　22 层框剪结构参数

类别	具体取值
层高/mm	1 层高 4 200；2～8 层高 5 000；9～22 层高 4 300
混凝土强度等级	1～3 层 C60；4～10 层 C50； 11～17 层 C40；18～22 层 C30
柱截面尺寸/(mm×mm)	1～3 层 1 300×1 300；4～8 层 1 200×1 200； 9～16 层 1 100×1 100；17～22 层 1 000×1 000
柱配筋/mm²	1～3 层 4 926；4～7 层 4 426； 8～16 层 3 706；17～22 层 3 576
梁截面尺寸/(mm×mm)	1～22 层 500×700
梁配筋/mm²	纵筋 1～3 层 6 872；4～22 层 5 890； 箍筋 ϕ8@100/200
剪力墙厚/mm	1～5 层 600；6～8 层 500； 9～17 层 400；18～22 层 300
剪力墙配筋/%	1～3 层 0.51；4～22 层 0.45
荷载/(kN·m^{-2})	1～3 层 12；4～9 层 10；10～22 层 6

3.3.2　地震动潜在破坏势的表达

从以上地震动参数的分析和论述中可以看出，虽然峰值加速度、峰值速度、峰值位移、最大增量速度、最大增量位移等地震动参数具有简单、直观及计算简便等优点，且在一定条件下具有表征潜在破坏势的特征和能力，如峰值加速度在一定条件下，对以强度破坏为主的较为刚性和较为脆性的结构来说是一种较好的表征地震动潜在破坏势的参数，但在其他条件下（如地震动中低频成分较为丰富，而且结构较为柔软的情况下）就未必能较好地代表地震动的潜在破坏势。理论上讲，涉及地震动破坏势时，最好应能结合具体的结构来分析，不同的结构具有不同的破坏机理，也就需要分析地震动相应的破坏势能力。评价地震动潜在破坏势必须要与其所作用的结构特性相结合，这样得出的结论才是有意义的，如果脱离结构特性的影响来估计和比较地震动的潜在破坏势，则是不全面的，也是不合理的。

本章通过研究地震动参数与表示结构破坏参数之间的相关性，将与结构破坏参数相关性高的地震动参数作为地震动潜在破坏势的特征参数。

这里应用皮尔逊相关系数(Pearson correlation coefficient)计算两个变量的线性相关程度，其公式为

$$\rho=\frac{\sum_{i=1}^{n}(x_i-\bar{x})(y_i-\bar{y})}{\sqrt{\sum_{i=1}^{n}(x_i-\bar{x})^2\sum_{i=1}^{n}(y_i-\bar{y})^2}} \tag{3.29}$$

式中　ρ—— 相关系数；

x_i—— 自变量的样本值；

i—— 自变量数列的项数，$i=1,2,\cdots,n$；

$\bar{x}$——自变量的平均值；

y_i——因变量数列的样本值；

$\bar{y}$——因变量数列的平均值。

ρ的范围在$-1\sim1$之间，当$\rho>0$时为正相关；$\rho<0$时为负相关。ρ的绝对值越大，相关程度超高。其特征如下[91]：

当$|\rho|=1$时，表示两变量为完全线性相关，即为线性函数关系；当$\rho=0$时，表示两变量之间无线性相关性；当$0<|\rho|<1$时，表示两变量存在一定程度的线性相关性，且$|\rho|$越接近1，两变量之间线性关系越密切；$|\rho|$越接近0，表示两变量的线性相关越弱，一般可按三级划分，即$|\rho|<0.4$为低度线性相关，$0.4<|\rho|<0.7$为中度线性相关，$0.7<|\rho|<1.0$为高度线性相关。

本章选择了PGA、PGV、PGD、PGV/PGA、RMSA、RMSV、RMSD、SED、CAV、S_a、S_v、S_d、EPA、EPV、MIV、MID共16个地震动参数，以期从中选择出可以合理表达地震动潜在破坏势的参数。表3.5和表3.6分别给出了近断层脉冲型地震动、远场地震动各地震动参数之间的相关系数。从表3.5中可以发现，RMSA、EPA均与PGA有着高度的线性相关性，相关系数分别达到了0.815和0.896，这种高度的线性相关性意味着，在评估地震动潜在破坏势时，可以利用其中的一个参数代替其余的两个参数，鉴于PGA的简便性以及广泛应用性，本章将其替代RMSA、EPA作为评估地震动潜在破坏势的参数。同时，RMSV、S_v和MIV与PGV的相关性也很强，相应的相关系数分别达到了0.890、0.721和0.932。与前面相同的理由，可利用PGV替代RMSV、S_v和MIV作为评估地震动潜在破坏势参数。同样的道理，鉴于RMSD、MID与PGD的高度相关性，可选择PGD替代RMSD、MID评估地震动的潜在破坏势。上述把地震动参数处理的思路同样适用于远场地震动，只是不同参数之间的相关程度有了变化。在表3.6中，RMSA、EPA与PGA的相关系数分别达到了0.933和0.975，RMSV、CAV、S_v、EPV、MIV与PGV的相关系

数分别为 0.854、0.828、0.752、0.710 和 0.952，RMSD、MID 与 PGD 对应的相关系数为 0.988 和 0.925。

本章用 Park－Ang 整体破坏指数(OSDI)表示结构的破坏程度。利用 IDARC 结构分析程序计算得到 5 层(J－1)、8 层(J－2)、11 层(J－3)、15 层(J－4)和 22 层(J－5)结构在各条地震动作用下的 Park－Ang 整体破坏指数，利用皮尔逊相关系数计算得到地震动参数与结构整体破坏指数之间的相关性，见表 3.7(近场地震动)及表 3.8(远场地震动)。从表 3.7 中可以看出，对 22 层框剪结构来讲，与 OSDI 相关性最高的地震动参数依次是：S_d (0.861)、RMSV(0.758)、PGV(0.738)、MIV(0.686)、S_v (0.634)，括号中的数字为参数与 OSDI 的相关系数，S_d 显然可以作为表征地震动潜在破坏势的第一个参数，然而在这 5 个参数中，剩下的参数均与 PGV 有着较强的相关性，RMSV、MIV、S_v 与 PGV 的相关系数分别为 0.890、0.932 和 0.721，基于前面的计算结果，RMSV、MIV、S_v 与 PGV 之间存在高度的线性关系，所以这 3 个参数可以不予考虑，而把 PGV 作为表征潜在破坏势的第二个参数。排在 S_v 后面的 5 个参数分别是 PGD(0.628)、MID(0.620)、CAV (0.602)、SED(0.597)、PGV/PGA(0.506)，其中 PGD 与 MID、SED 的相关系数达到了 0.989和 0.963。PGD 与之前选择的前两个参数 S_d 和 PGV 之间的相关系数分别为0.368 和 0.711，鉴于 PGD 的简便性和广泛应用性，可选 PGD 作为表征地震动潜在破坏势的第三个参数。剩下的两个参数 CAV、PGV/PGA 与前 4 个指标的相关系数也不大，分别将其作为表征地震动潜在破坏势的第四和第五个参数。这样，对应于 22 层框架结构，评估近断层脉冲型地震动潜在破坏势的 5 个指标参数，分别是 S_d 、PGV、PGD、CAV 和 PGV/PGA。

同理，可以确定对应于 5 层、8 层、11 层和 15 层结构模型，近断层脉冲型地震动潜在破坏势的评价参数，结果表明除 5 层模型的指标参数为 S_d 、PGV、PGD、CAV 和 EPV 外，其余的 3 个模型的指标参数均为 S_d 、PGV、PGD、CAV 和 PGV/PGA，也就是与 22 层框剪结构的指标参数相同。

与近断层脉冲型地震动相同，也把所挑选的远场地震动数据输入程序 IDARC 进行动力时程分析，得到了 5 个结构模型对应每个地震动的 OSDI，从而可以得到 OSDI 与地震动参数之间的相关系数，见表 3.8。

对于 22 层框剪结构模型，与 OSDI 相关性排在前 5 位的参数分别是：RMSV (0.717)、CAV(0.706)、PGV(0.675)、S_v (0.659)、MIV(0.651)。由表 3.6 可知，这 5 个参数均与 PGV 有着较强的相关性，相关系数分别为 0.854、0.828、0.752 和 0.952，鉴于 PGV 的简便性及常用性，可选 PGV 作为表征地震动潜在破坏势的第一个参数。与 OSDI 的相关性系数排在第 6 到第 10 的 5 个参数分别是：S_d (0.647)、SED(0.521)、MID (0.502)、PGD(0.499)、EPV(0.496)。我们把 S_d 、SED 作为表征地震动潜在破坏势的第二、第三个参数。鉴于 PGD 与 MID 之间的相关系数达到了 0.925，所以对 MID 不予考虑，而把 PGD 作为表征地震动潜在破坏势的第四个指标。又因为 EPV 与已选的 PGV 之间的相关系数达到了 0.710，属于高度线性相关的范畴，所以对 EPV 不予考虑，而把 PGV/PGA 作为表征地震动潜在破坏势的第五个指标。到此，选出了针对 22 层框剪结构的地震动潜在破坏势的指标参数，它们分别是 PGV、S_d 、SED、PGD、PGV/PGA。

表 3.5　近断层脉冲型地震动参数之间的相关系数

参数	PGA	PGV	PGD	PGV/PGA	RMSA	RMSV	RMSD	SED	CAV	S_a	S_v	S_d	EPA	EPV	MIV	MID
PGA	1.000	0.493	0.003	−0.444	0.815	0.296	−0.012	0.089	0.467	0.440	0.569	0.348	0.896	0.788	0.488	0.003
PGV		1.000	0.711	0.402	0.542	0.890	0.680	0.742	0.618	0.603	0.721	0.659	0.445	0.628	0.932	0.711
PGD			1.000	0.628	−0.017	0.771	0.988	0.963	0.380	0.265	0.280	0.368	−0.043	0.079	0.664	0.989
PGV/PGA				1.000	−0.323	0.466	0.587	0.502	0.183	0.074	0.051	0.197	−0.46	−0.201	0.329	0.598
RMSA					1.000	0.487	−0.006	0.077	0.618	0.512	0.665	0.446	0.850	0.833	0.530	−0.007
RMSV						1.000	0.783	0.774	0.613	0.548	0.638	0.633	0.297	0.484	0.838	0.774
RMSD							1.000	0.958	0.363	0.244	0.252	0.343	−0.046	0.055	0.624	0.987
SED								1.000	0.393	0.302	0.332	0.385	0.056	0.165	0.726	0.969
CAV									1.000	0.461	0.564	0.489	0.477	0.545	0.557	0.380
S_a										1.000	0.742	0.440	0.408	0.633	0.618	0.258
S_v											1.000	0.742	0.536	0.793	0.742	0.269
S_d												1.000	0.324	0.559	0.654	0.359
EPA													1.000	0.740	0.430	−0.032
EPV														1.000	0.690	0.067
MIV															1.000	0.655
MID																1.000

表3.6　远场地震动参数指标之间的相关系数

参数	PGA	PGV	PGD	PGV/PGA	RMSA	RMSV	RMSD	SED	CAV	S_a	S_v	S_d	EPA	EPV	MIV	MID
PGA	1.000	0.583	−0.102	−0.315	0.933	0.271	−0.148	−0.072	0.503	0.241	0.492	0.207	0.975	0.625	0.596	−0.125
PGV		1.000	0.602	0.516	0.598	0.854	0.550	0.59	0.828	0.478	0.752	0.62	0.575	0.710	0.952	0.572
PGD			1.000	0.801	−0.098	0.748	0.988	0.737	0.593	0.322	0.404	0.518	−0.122	0.234	0.547	0.925
PGV/PGA				1.000	−0.254	0.711	0.794	0.804	0.421	0.228	0.263	0.428	−0.313	0.025	0.468	0.868
RMSA					1.000	0.358	−0.150	−0.027	0.535	0.276	0.525	0.269	0.945	0.630	0.594	−0.113
RMSV						1.000	0.717	0.846	0.863	0.461	0.662	0.691	0.269	0.439	0.828	0.778
RMSD							1.000	0.735	0.550	0.294	0.360	0.487	−0.169	0.187	0.503	0.915
SED								1.000	0.698	0.275	0.360	0.493	−0.081	0.085	0.601	0.817
CAV									1.000	0.470	0.707	0.646	0.511	0.571	0.818	0.595
S_a										1.000	0.740	0.389	0.232	0.464	0.463	0.292
S_v											1.000	0.811	0.482	0.718	0.740	0.360
S_d												1.000	0.195	0.461	0.593	0.493
EPA													1.000	0.627	0.589	−0.146
EPV														1.000	0.724	0.143
MIV															1.000	0.532
MID																1.000

同理，可得到对应5层、8层、11层和15层框架结构的5个指标参数，从结果中可以看出除了5层结构模型的指标参数为PGV、CAV、PGA、S_a和PGD外，其他3个模型的指标参数与22层框剪结构模型的一样，均为PGV、S_d、SED、PGD和PGV/PGA。

由前面分析发现，无论近断层还是远场地震动，由5层结构模型得到的5个地震动潜在破坏势参数均不同于其他结构模型所得结果。对于近断层地震动来讲，5个地震动潜在破坏势指标参数为PGV、PGD、CAV、S_d和EPV，对远场地震动来讲，地震动潜在破坏势参数为PGA、CAV、PGD、CAV和S_a。对于其他结构模型，近断层地震动的5个指标参数为PGV、PGD、PGV/PGA、CAV和S_d，远场地震动的指标参数为PGV、PGD、PGV/PGA、SED和S_d。可以得出结论，仅5层结构远场指标参数中含有直接由加速度时程得到的参数，例如PGA和S_a，而其他则不是如此，这与人们现在常用PGA来衡量地震动作用大小的认识是一致的，其缺陷在于没有考虑近断层脉冲型地震动的特性。另外，无论是近断层地震动潜在破坏势参数还是远场地震动潜在破坏势参数，由速度时程所得的指标均占有主要地位，这表明结构的损伤破坏与地震动输入结构的能量有着较大的关系。

表3.7　结构整体破坏指数与地震动参数相关系数(近断层地震动)

参数	相关系数				
	J－1	J－2	J－3	J－4	J－5
PGA	0.378	0.191	0.187	0.096	0.154
PGV	0.858	0.810	0.831	0.799	0.738
PGD	0.689	0.769	0.880	0.959	0.628
PGV/PGA	0.307	0.471	0.495	0.575	0.506
RMSA	0.419	0.256	0.218	0.113	0.247
RMSV	0.831	0.828	0.877	0.853	0.758
RMSD	0.661	0.750	0.865	0.950	0.591
SED	0.718	0.782	0.863	0.942	0.597
CAV	0.563	0.526	0.504	0.447	0.603
S_a	0.309	0.130	0.117	0.040	0.123
S_v	0.746	0.573	0.575	0.463	0.634
S_d	0.755	0.749	0.802	0.705	0.861
EPA	0.329	0.119	0.123	0.052	0.116
EPV	0.524	0.296	0.274	0.191	0.301
MIV	0.844	0.742	0.776	0.749	0.686
MID	0.682	0.763	0.877	0.963	0.620

表 3.8　结构整体破坏指数与地震动参数相关系数(远场地震动)

参数	相关系数				
	J－1	J－2	J－3	J－4	J－5
PGA	0.499	0.270	0.221	0.046	0.239
PGV	0.722	0.724	0.740	0.707	0.675
PGD	0.402	0.568	0.594	0.753	0.499
PGV/PGA	0.195	0.500	0.580	0.789	0.469
RMSA	0.500	0.335	0.274	0.098	0.294
RMSV	0.546	0.806	0.842	0.910	0.717
RMSD	0.359	0.543	0.576	0.742	0.455
SED	0.216	0.637	0.796	0.901	0.521
CAV	0.628	0.777	0.796	0.722	0.706
S_a	0.435	0.230	0.172	－0.013	0.209
S_v	0.681	0.784	0.803	0.610	0.659
S_d	0.369	0.812	0.860	0.828	0.647
EPA	0.483	0.269	0.208	0.038	0.235
EPV	0.890	0.472	0.449	0.266	0.496
MIV	0.713	0.726	0.766	0.724	0.651
MID	0.285	0.566	0.621	0.807	0.502

3.4　基于 RC 框架(剪)结构的最不利设计地震动

目前，大部分关于设计地震动选择的基本思路都是通过拟合设计谱给出设计地震动，但由于设计谱只是代表平均意义上的地震作用，因此，这样给出的地震动对那些重要性一般的结构或地震危险性不是很高地区的抗震验算可能是合适的，对特别重要的结构或高地震危险区的抗震验算可能就不合适了。虽然对于时程分析中如何选择地震动输入问题进行了诸多的研究，但仍没有一致的认识，现状是或者不采用时程分析法进行计算，或是采用，而输入地震动的选择却无视建筑场地的差别而采用为数不多的几条典型记录(如：1940 年的 El Centro(NS)记录或 1952 年的 Taft 记录)。另外，自从 1933 年世界上记录到第一条地震动以来，记录到地震动的记录已经超过两万余条，是不是还有更合理的实际观测到的地震动记录可供抗震设计和分析使用呢?

3.4.1　最不利设计地震动的概念

由于地震动的复杂性和极不确定性，无论在时域还是频域上，目前仍不能精确预测给定场地上的地震动特征。鉴于目前地震动区划的水平，工程结构很有可能遭受比设计地震作用高许多倍的地震影响，我国灾难性大地震多发生在低烈度区，地震加速度峰值比原设计标准常超过 4～12 倍，而且每次地震都会出现一些新的地震动特征。

认识到目前还无法精确预测地震动输入的情况下，本书作者和谢礼立教授于 2000 年在国内外首次提出了最不利设计地震动（the most severest real design ground motions）的概念，这里所说的最不利设计地震动是指能使结构的反应在这样的地震动作用下处于最不利的状况，即处在最高危险状态下的真实记录到的地震动（recorded ground motions），最不利设计地震动是相对于一定的环境条件而言的，即相对于结构所在场所地震危险性所对应的地震强度和场地条件而言的。这里以 RC 结构为例，介绍如何利用地震动的潜在破坏势确定最不利设计地震动。

3.4.2 地震动备选数据库

在挑选最不利设计地震动时，对于远场地震动，按照地震动台站的位置分为 3 类，即国外、中国台湾（1999 年 Chi—Chi 地震动记录）和中国大陆地区 3 部分，而对于近断层速度脉冲型地震动记录，由于其数量有限，对其不加区分。

国外的地震动记录包括了北美洲和夏威夷于 1933～1986 年间约 500 次地震中得到的 4 270 条地震动加速度记录，这些记录都是自由场的地面运动。在这些记录的基础上，删除震级小于 5.5 的地震动记录，得到了一个初选数据库，共包含了 2 284 条单分量的加速度记录分量。在此基础上，对这些记录进行基线校正和仪器校正，带通滤波和积分计算得到速度时程和位移时程。然后将这个初选数据库中工程意义不大（加速度峰值小于 0.05g）的记录删除后得到第二个数据库，共有 88 个地震的 927 条水平方向地震动。

除此之外，补充了 1987 年以后由 SMIP/CDMG 公布的震级等于或大于 5.5 级并且峰值加速度大于或等于 0.05g 的加州地震动记录，所选记录全为地表记录，共有地震动水平分量 228 条。这样得到了 1992～1993 年间的地震动记录数据库，共计 1 155 条水平记录。将全部的 1 155 条水平分量记录按参数（PGA、PGV、PGD、MIV、MID、EPV、EPD）排序，将排序位于前 30 的记录挑选出来，共计 210 条，除去相同记录，得到一组由 84 条记录组成的数据子库。此外，从前面的 1 155 条水平地震动记录中去掉已选的 84 条记录得到的 1 071 条记录中按持时长短排序得到了另外的 36 条记录。这样选择的目的在于排除其他参数的影响，以便更好地估计持时的影响。这样得到了 Naeim 和 Anderson[92] 给出的120 条地震动记录，根据这 120 条地震动记录，查阅相关资料，得到经过校正的 87 条记录。另增加 1994 年 Northridge 地震和 1995 年 Kobe 地震中 30 条自由场地的记录，这 30 条记录的 PGA、PGV、PGD、MIV、MID、EPA、EPV 以及地震动持时至少有一个参数大于 Naeim 和 Anderson[92] 给出的 120 条记录数据库的相应值。最后得到了国外记录共计 117 条，其中近断层速度脉冲型地震动 47 条。

1999 年，我国台湾地区发生了里氏 7.6 级大地震，这次地震造成了巨大的人员伤亡和经济损失，与此同时，台湾的科研单位、大学和地震观测部门在全岛设立的 650 多个自由场地地震动台站和 55 个建筑结构及桥梁台阵在收集地震动记录上发挥了较好的作用，有 400 个自由地震动台站和 35 个建筑结构台阵获得了记录，在所收集到的记录中，最大的峰值加速度达到了 989 cm/s^2，最大峰值速度达到了 281 cm/s，最大位移为 817 cm，这些记录绝大多数是用宽频带数字化强震仪记录到的，包含丰富的地面运动信息，尤其是记录到了大量的近断层地震动记录，这为研究近断层地震动的特性提供了条件，与国外记录的挑选类似，综合各种情况，对其中 176 条典型远场地震动记录进行了分析。

从中国地震局工程力学研究所的地震动数据库中得到了峰值加速度大于 40 cm/s^2 且具有明确场地条件的中国地震记录 217 条，这些记录主要是我国几次地震的余震，如通海余震(1970 年)、海城余震(1975 年)、唐山余震(1976 年)、耿马余震(1988 年)、澜沧余震(1988 年)、乌恰余震(1990 年)、施甸余震(2001 年)。另外，2008 年 5 月 12 日，我国汶川县发生里氏 8.0 级特大地震，成为新中国成立以来破坏性最强、波及范围最广的一次地震，地震的强度和烈度都超过了 1976 年的唐山地震。在这次地震中，我国相关部门布设的强震仪收集到了大量的地震动加速度时程，本章主要采用主震发生时所获得的 840 条水平地震动加速度记录，其中属于近断层脉冲地震动记录共 15 条。

3.4.3 最不利设计地震动的确定

根据上节关于地震动潜在破坏势的表达，本章分别对应短周期结构(5 层结构)、中周期结构(8 层和 11 层结构)、长周期结构(15 层和 22 层结构)挑选相应的最不利设计地震动。在进行结构的动力时程分析时，需将地震动的峰值调整到规范规定的设计加速度值，因此在进行最不利设计地震动的选择和确定时，是将各地震动的加速度峰值调整到同一水平再进行比较分析的。

利用前面地震动潜在破坏势的参数表达，将各记录对应的 5 个表征地震动潜在破坏势的指标参数计算出来，并按由小到大的规则进行排序。这里，将着重考察各指标参数的排序号，因为从某种意义上讲，这种排序号代表了其在所有的地震动记录中对结构破坏影响的“地位”，排序号越大，其所代表的地震动对结构可能造成的破坏也越大，对于同一条地震动，5 个指标参数的排序号一般是不同的，也即其对结构破坏的影响是不同的。为了表示这种影响的不同，定义“权重系数”来反映这种差别，计算权重系数的基本依据是前面给出的地震动参数与 OSDI 的相关系数。以 5 层结构为例，PGV 的权重系数为 PGV 与 OSDI 的相关系数在 5 个表征地震动潜在破坏势相关系数所占的比重：

$$w=\frac{0.858}{0.858+0.689+0.563+0.755+0.524}=0.253 \tag{3.30}$$

式中 w——PGV 的权重系数。在挑选地震动记录的过程中，权重系数越大，说明该参数对结构破坏的影响就越大，反之，则越小。表 3.9 和 3.10 分别为对应 5 层结构、8 层和 11 层、15 层和 22 层结构的地震动潜在破坏势的权重系数(近断层地震动)。

表 3.9 近断层地震动参数表征潜在破坏势的权重系数(对应 5 层结构)

	参数	PGV	PGD	CAV	S_d	EPV
5 层结构	相关系数	0.858	0.689	0.563	0.755	0.524
	权重系数	0.253	0.203	0.166	0.223	0.155

表 3.10　近断层地震动参数表征潜在破坏势的权重系数(对应 8、11、15 和 22 层结构)

结构	参数	PGV		PGD		PGV/PGA		CAV		S_d	
8和11层结构	相关系数	8层	11层	8层	11层	8层	11层	8层	11层	8层	11层
		0.810	0.831	0.769	0.880	0.471	0.495	0.526	0.504	0.749	0.802
	权重系数	0.244	0.237	0.231	0.251	0.142	0.141	0.158	0.143	0.225	0.228
		0.241		0.241		0.142		0.150		0.226	
15和22层结构	相关系数	15层	22层	15层	22层	15层	22层	15层	22层	15层	22层
		0.799	0.738	0.959	0.628	0.575	0.506	0.447	0.603	0.706	0.861
	权重系数	0.229	0.221	0.275	0.188	0.165	0.152	0.128	0.181	0.203	0.258
		0.225		0.231		0.159		0.154		0.231	

与前面思路相同,分别得到了远场地震动对应于 5 层、8 层、11 层、15 层和 22 层结构的权重系数,结果见表 3.11 和表 3.12。

表 3.11　远场地震动参数表征潜在破坏势的权重系数(对应 5 层结构)

结构	参数	PGA	PGV	PGD	CAV	S_a
5层结构	相关系数	0.499	0.722	0.402	0.628	0.435
	权重系数	0.186	0.269	0.150	0.234	0.161

表 3.12　远场地震动参数表征潜在破坏势的权重系数(对应 8、11、15 和 22 层结构)

结构	参数	PGV		PGD		PGV/PGA		CAV		S_d	
8和11层结构	相关系数	8层	11层	8层	11层	8层	11层	8层	11层	8层	11层
		0.724	0.740	0.568	0.594	0.500	0.580	0.637	0.796	0.812	0.860
	权重系数	0.223	0.207	0.175	0.166	0.154	0.162	0.197	0.223	0.251	0.242
		0.215		0.170		0.158		0.210		0.247	
15和22层结构	相关系数	15层	22层	15层	22层	15层	22层	15层	22层	15层	22层
		0.707	0.675	0.753	0.499	0.789	0.469	0.901	0.521	0.828	0.647
	权重系数	0.178	0.240	0.189	0.178	0.198	0.167	0.227	0.185	0.208	0.230
		0.209		0.184		0.183		0.206		0.219	

适用于近断层地区的最不利设计地震动见表 3.13。

表 3.13　适用于近断层地区的最不利设计地震动

	5 层结构			8 层和 11 层结构			15 层和 22 层结构		
	地震事件	发生日期	地震动分量	地震事件	发生日期	地震动分量	地震事件	发生日期	地震动分量
最不利设计地震动	Tabas	1978.9.16	TAB－TR	Chi－Chi	1999.9.21	TCU068－W	Chi－Chi	1999.9.21	TCU068－W
	Chi－Chi	1999.9.21	TCU052－W	Chi－Chi	1999.9.21	TCU052－W	Chi－Chi	1999.9.21	TCU052－W
	Chi－Chi	1999.9.21	CHY101－N	Chi－Chi	1999.9.21	TCU068－N	Chi－Chi	1999.9.21	TCU068－N
	Northridge	1994.1.17	SCS052	Chi－Chi	1999.9.21	TCU052－N	Chi－Chi	1999.9.21	TCU052－N
	Chi－Chi	1999.9.21	TCU052－N	Chi－Chi	1999.9.21	CHY101－N	Chi－Chi	1999.9.21	CHY101－N
	Chi－Chi	1999.9.21	TCU068－N	Tabas	1978.9.16	TAB－TR	Chi－Chi	1999.9.21	CHY102－W
	Chi－Chi	1999.9.21	TCU068－W	Chi－Chi	1999.9.21	TCU102－W	Tabas	1978.9.16	TAB－TR
	Kobe	1995.1.16	TAK000	Chi－Chi	1999.9.21	TCU075－W	Chi－Chi	1999.9.21	TCU075－W
	Loma Prieta	1989.10.17	LGP000	Northridge	1994.1.17	SCS052	Northridge	1994.1.17	SCS052
	Landers	1992.6.28	LCN275	Imperial Valley	1979.10.15	H－E06230	Imperial Valley	1979.10.15	H－E06230

我们将同一个记录的5个指标参数的排序号乘以其所对应的权重系数，并求5项之和，将其定义为"综合排序指数"，将所记录的综合排序指数按照由大到小的规则排序，得到最终的记录排序结果，把位于前10位的记录挑选出来作为最终最不利设计地震动。

对于近断层记录，由于其数量相对远场较少，我们在所有的近断层记录数据库中进行筛选，对于最终的结果，我们只给出各周期段的最不利设计地震动，见表3.14。而对于远场记录，我们则分别给出国外、中国台湾和中国大陆地区的结果。

1. 国外地震动记录

在备选的国外远场地震记录中远场记录较少，共9条，这些国外记录也是从大量的记录中挑选出来的，这里我们直接把这9条记录作为最不利设计地震动，这9条记录(记录名称中，英文代表台站名，数字代表记录地点与断层破裂方向的夹角)为：1979年Southern Alaska地震中的Yakutat279，1985年Mexico地震中的C. de Abastos Ofic000、C. de Abastos Ofic090、Sec. Com. Y Transportes090、Tlahuac Bomba000、Tlahuac Bomba270、La Union090、La Union180，1992年6月28日Landers地震中的Barstowvine yard&HST000、Yermofire270和Yermofire360。

2. 台湾Chi—Chi地震动记录

由台湾Chi—Chi地震挑选的适用于远场的最不利设计地震动见表3.14。

表3.14 由台湾Chi—Chi地震挑选的适用于远场的最不利设计地震动

	5层结构	8层和11层结构	15层和22层结构
最不利设计地震动	地震动分量	地震动分量	地震动分量
	TAP103—N	ILA056—W	ILA056—W
	TAP095—E	ILA056—N	ILA056—N
	ILA013—N	ILA004—W	ILA004—W
	ILA—W	ILA055—W	ILA055—W
	TAP005—E	TAP003—E	TAP003—E
	TAP090—E	ILA055—N	ILA055—N
	TAP052—N	ILA041—N	ILA041—N
	TAP003—E	ILA048—N	ILA041—W
	TAP103—W	ILA041—W	ILA048—N
	TAP010—E	TAP017—N	TCU007—W

3. 中国大陆地震中的最不利设计地震动

经过分析，得到的适用于远场的最不利设计地震动均为汶川地震中所记录到的地震动，见表 3.15。

表 3.15　由中国大陆地震中挑选的适用于远场的最不利设计地震动

	5 层结构	8 层和 11 层结构	15 层和 22 层结构
最不利设计地震动	地震动分量	地震动分量	地震动分量
	051WCW－EW	061WEN－EW	061WEN－EW
	051MZQ－EW	064NLG－NS	064NLG－NS
	051WCW－NW	064JSA－NS	064JSA－NS
	051SFB－EW	061HEL－NS	064QJC－NS
	051MZQ－EW	064QJC－NS	061WEN－NS
	051SFB－EW	064JSA－EW	064JSA－EW
	051MXN－EW	064HEL－NS	064HEL－NS
	051MXN－NS	064YNG－NS	064YNG－NS
	051LXT－NS	061LID－EW	064YNG－EW
	051LXT－EW	064YNG－EW	064FDG－EW

3.5　小　　结

本章将地震动参数分为直接由地震动本身得到的参数和通过结构反应得到的参数两类分析了其反映地震动潜在破坏势的能力。根据中国规范建立了 5 个 RC 结构模型，通过时程分析研究了各模型的破坏状态，并得到了结构整体破坏指数；在区别近场速度脉冲型地震动和远场地震动的条件下，进行了地震动参数与结构整体破坏指数的相关性分析，给出了反映地震动潜在破坏势的合理参数。本章最后提出了最不利设计地震动的概念，给出了挑选最不利设计地震动的原则，并基于大量地震动给出了对应不同结构的最不利设计地震动。需要说明的是本成果给出的是仅考虑一个水平地震动分量的作用所选出的最不利设计地震动。随着人们对地震破坏作用、结构破坏机理认识的进一步加深和地震动记录积累的增多，最不利设计地震动也会不断地更新。

第 4 章　地震动弹性反应谱

4.1 引　　言

反应谱是地震工程学中的核心内容，它的提出使结构抗震理论从静力阶段发展到反应谱阶段，是地震工程学发展史上一个重要的里程碑。地震反应谱很好地反映了地震动的有效峰值和频谱特性，它与结构的振型分解法相结合，可使复杂的多自由度体系在地震作用下的反应求解问题得到大大简化，为工程结构抗震设计中确定地震作用提供了定量依据。

本章给出了单自由度体系地震反应的计算方法，提出了反应谱的概念和基本形式，并分析了其特征及影响因素。探讨了弹性抗震设计谱的构造方法，并分析了我国抗震规范设计谱的演变过程。

4.2 单自由度弹性体系地震反应计算

在后文即将给出的反应谱的计算过程中，需要知道单自由度弹性体系在地震作用下的最大反应。该最大反应可以通过求解单自由度弹性体系在地震作用下的平衡方程得到，其基本形式如下

$$m\ddot{x} + c\dot{x} + kx = -m\ddot{x}_g(t) \tag{4.1}$$

式中　$\ddot{x}$、$\dot{x}$、x—— 单自由度体系的加速度、速度和位移，均是时间 t 的函数；

m、c、k—— 单自由度体系的质量、阻尼和刚度；

$\ddot{x}_g(t)$ —— 地面运动的加速度时程。

方程(4.1) 的求解需要使用数值积分方法，其中最常用的为 Newmark 数值积分方法。当然，也有一些其他的方法可以被使用，如杜哈梅尔积分方法、精确法等，这些具体方法的使用可以参考现有的建筑结构抗震设计或地震工程等相关书籍中对这些方法的介绍。这里，仅介绍通用性较好的 Newmark 数值积分方法。

首先将式(4.1) 中的右端项 $-m\ddot{x}_g(t)$ 改写成 p，这样处理后在公式推导的过程中会相对简洁。实际情况下，$\ddot{x}_g(t)$ 是离散的数据，同时 Newmark 数值积分方法中常用的分析步长 t 和记录到的地震动数据点的时间间隔也有差异，p 在任意时刻 t 的数值可以通过对地震动数据插值获得。

方程(4.1) 可以转化成增量形式的平衡方程表达式，由于方程(4.1) 在任何时刻均满足平衡条件，因此在 i 时刻和 $i+1$ 时刻，有以下两式成立

$$m\ddot{x}_i + c\dot{x}_i + f_i = p_i \tag{4.2a}$$

$$m\ddot{x}_{i+1} + c\dot{x}_{i+1} + f_{i+1} = p_{i+1} \tag{4.2b}$$

根据式(4.2b)和(4.2a)之差，可得到如下的增量动力平衡方程

$$m\Delta\ddot{x}_{i+1} + c\Delta\dot{x}_{i+1} + \Delta f_{i+1} = \Delta p_{i+1} \tag{4.3}$$

此时结构的恢复力增量可以近似地认为满足当前刚度与当前位移增量乘积的关系，因此式中的 $\Delta f_{i+1} = k_{i,T}\Delta x_i$，$k_{i,T}$ 是 i 时刻的切线刚度(实际上对于本章的弹性问题，$k_{i,T}$ 在分析过程中是不变的，等于 k)。同时，对于弹性问题，式(4.3)所示的增量形式也不是必需的，但是读者将会看到，这样的表达形式与第 6 章中的非弹性情况能获得很好的统一。

关于 Newmark 数值积分方法有关公式的具体理论推导过程，可参考一些建筑结构抗震设计或地震工程方面的书籍。表 4.1 给出了使用 Newmark 方法求弹性单自由度体系动力反应的过程。

表 4.1　使用 Newmark 方法求弹性单自由度体系动力反应的过程

选择方法中的参数

(1) 平均加速度方法：$\gamma = 1/2, \beta = 1/4$

(2) 线性加速度方法：$\gamma = 1/2, \beta = 1/6$

1. 初始计算

① $\ddot{x}_0 = \dfrac{p_0 - c\dot{u}_0 - f_0}{m}$

② 选择 Δt

③ $a = \dfrac{1}{\beta\Delta t}m + \dfrac{\gamma}{\beta}c, \quad b = \dfrac{1}{2\beta}m + \Delta t\left(\dfrac{\gamma}{2\beta} - 1\right)c$

④ $\hat{k}_i = k + \dfrac{\gamma}{\beta\Delta t}c + \dfrac{1}{\beta(\Delta t)^2}m$

2. 针对第 i 时间步的计算，$i = 1, 2, 3, \cdots$

① $\Delta\hat{p}_i = \Delta p_i + a\dot{x}_i + b\ddot{x}_i$

② 利用已知的 $\Delta\hat{p}_i$ 和 $\hat{k}_i$，求 $\Delta x_i = \dfrac{\Delta\hat{p}_i}{\hat{k}_i}$

③ $\Delta\dot{x}_i = \dfrac{\gamma}{\beta\Delta t}\Delta x_i - \dfrac{\gamma}{\beta}\dot{x}_i + \Delta t\left(1 - \dfrac{\gamma}{2\beta}\right)\ddot{x}_i$

④ $\Delta\ddot{x}_i = \dfrac{1}{\beta(\Delta t)^2}\Delta x - \dfrac{1}{\beta\Delta t}\dot{x}_i - \dfrac{1}{2\beta}\ddot{x}_i$

⑤ $x_{i+1} = x_i + \Delta x_i, \quad \dot{x}_{i+1} = \dot{x}_i + \Delta\dot{x}_i, \quad \ddot{x}_{i+1} = \ddot{x}_i + \Delta\ddot{x}_i$

3. 下一个时间步的计算

将 i 换成 $i+1$，重复步骤 2 和步骤 3 中的工作，直到达到预定的分析时间

4.3　反应谱的概念及基本形式

4.3.1　反应谱的概念及影响因素

反应谱的概念最早由美国加州理工学院的Biot教授于1932年提出，1956年美国加州的抗震规范首次采用了反应谱理论，1958年苏联的地震区建筑抗震设计规范也采用了反应谱的概念。1959年Housner教授通过8条地震动记录反应谱的计算和平均，最早给出了依实际地震动得到的供工程设计使用的抗震设计谱，Housner教授对地震反应谱概念的广泛推广起到了巨大作用。20世纪70年代以后，随着地震动观测技术和计算机技术的发展，反应谱理论得到了普遍应用。

反应谱作为地震工程中的核心概念，定义为单自由度体系在某地震动作用下的最大反应与体系自振周期之间的关系曲线，它提供了一种获得单自由度体系在地震动作用下峰值反应的简便工具。反应谱根据地震反应内容的不同，可分为位移反应谱、速度反应谱及加速度反应谱，其中位移反应谱和速度反应谱常采用相对位移和相对速度，而加速度反应谱常采用绝对加速度。采用相对量和绝对量的原因是结构所受的恢复力、阻尼力与结构的相对位移及相对速度有关，而结构所受的惯性力与结构的绝对加速度有关。地震动的傅里叶谱只表示地震动的频率特性，并不涉及结构的概念，与此相反，反应谱给出了单自由度体系代表的工程结构在地震动作用下的最大反应，更具工程意义。

由于目前工程结构的抗震设计理论主要是基于力（或强度）的抗震设计理论，设计地震作用力与加速度直接相关，因此针对加速度反应谱的研究至关重要。本章也主要以加速度反应谱为例研究其特性及影响因素。加速度反应谱可以理解为一个确定的地面运动，通过一组阻尼比相同但自振周期各不相同的单自由度体系，其地震反应谱的计算示意图如图4.1所示。

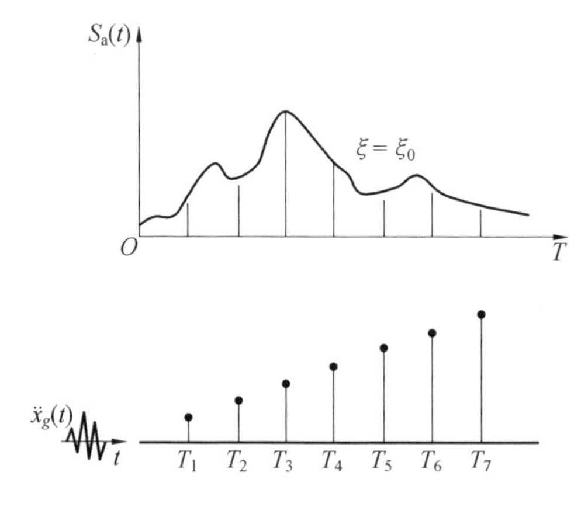

图4.1　地震反应谱的计算示意图

图4.2为对应1940年El Centro地震动记录的加速度反应谱。由于单自由度体系为线弹性系统，因此地震动峰值对反应谱的影响是线弹性的，即地震动峰值与反应谱峰值之间呈线性比例关系。地震动峰值仅对反应谱值幅值有影响，而对反应谱的形状无影响。

为了讨论加速度反应谱形状的影响规律，通常将加速度反应谱用地震动的加速度峰值标准化得到标准反应谱以消除地震动峰值的影响。图 4.3 为 El Centro 地震动对应的标准反应谱，也称之为动力系数（即单自由度体系的最大加速度反应与地震动加速度峰值的比值）曲线。

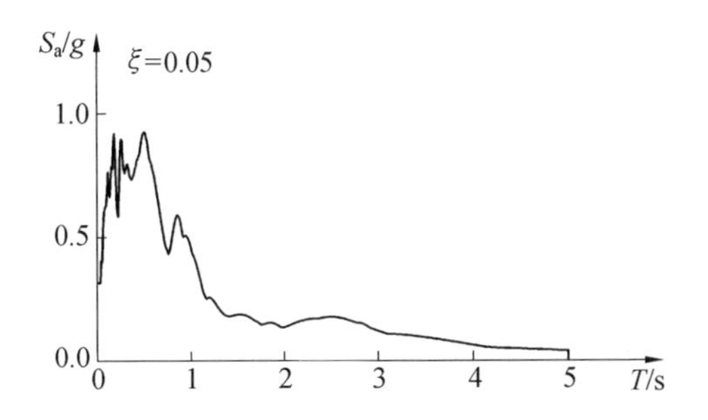

图 4.2　1940 年 El Centro 地震动记录的加速度反应谱

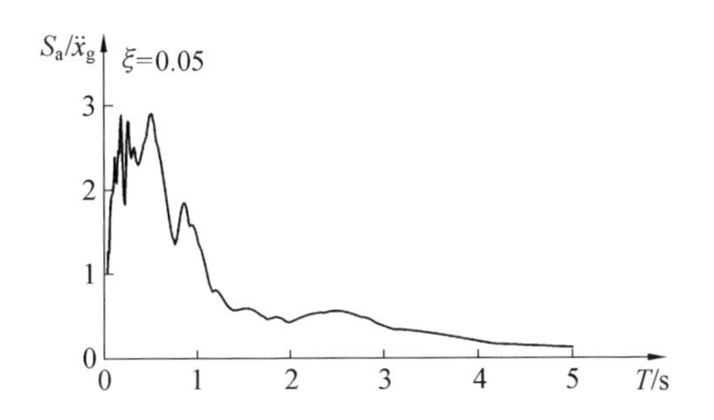

图 4.3　El Centro 地震动对应的标准反应谱

从图 4.3 中可以看出，对应周期非常短的体系，标准化反应谱值接近于 1，这是因为周期非常短的体系接近于刚体，其在地震动作用下相当于做刚体运动，加速度反应基本等于地面运动加速度。随着周期的增加，反应谱的谱值迅速增加，达到某一峰值后，曲线开始波动下降，这个峰值基本对应地震动的卓越周期，这是因为当结构的自振周期与地震动的卓越周期相等或相近时，其地震反应最大，该现象与结构在动荷载作用下的共振现象类似，因此在结构的抗震设计中，应使结构的自振周期远离地震动的卓越周期，以避免发生类共振现象。对于周期非常长的体系，谱值基本等于 0，这是因为周期非常长的体系很柔，地震动作用下的体系基本上会保持静止。

关于阻尼对地震动反应谱的影响，一般来讲，体系的阻尼比越大，在地震动作用下其加速度反应越小，地震动反应谱值也越小。图 4.4 给出了阻尼比对反应谱的影响，从图中可以观察到，阻尼对反应谱各频段的影响不同，对于周期很小的结构，结构在地震动作用下做刚体运动，所以阻尼不会对反应产生影响；而对于周期很长的结构，由于地震动作用下体系基本保持静止，所以阻尼对反应也没有影响。阻尼对反应谱影响最大的周期频段是反应谱的峰值附近，这是因为阻尼对结构反应的影响最大的是该频段。同时，阻尼较小时，反应谱随周期微小的变化非常敏感，阻尼的增加使得反应对周期的敏感性大为减小。对于较小的阻尼值，阻尼的影响更大，这意味着阻尼比从 0 增长到 2%，反应的减少大于阻尼从 10% 增长到 12% 所带来的影响[96]。

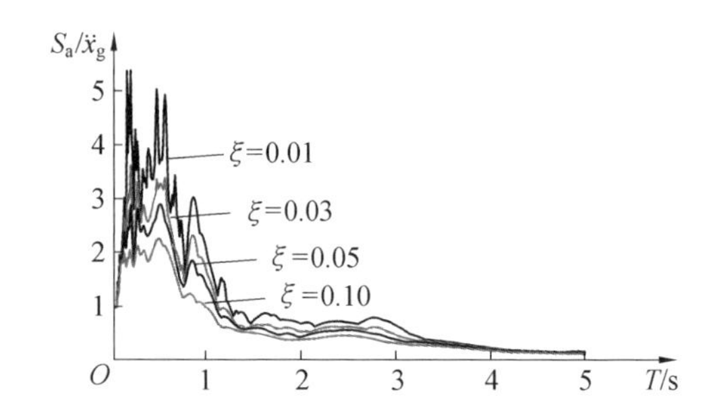

图 4.4　阻尼比对反应谱的影响(El Centro 地震动记录)

影响地震动频谱的各种因素也均对地震反应谱的形状有影响。图 4.5、图 4.6 分别是不同场地和不同震中距地震动的反应谱,两个图说明场地越软和震中距越大,地震动中长周期成分越显著,从共振的角度考虑,反应谱峰值对应的周期也越往后移。

地震动持续时间影响单自由度体系地震反应的循环往复次数,持续时间越长,结构受到的地震作用越长,循环往复次数可能越多,但对弹性体系来讲,地震动的持续时间对体系的最大反应影响较小,其对反应谱的影响也不大。如果是非线性体系,则可能加剧和造成体系的疲劳破坏。

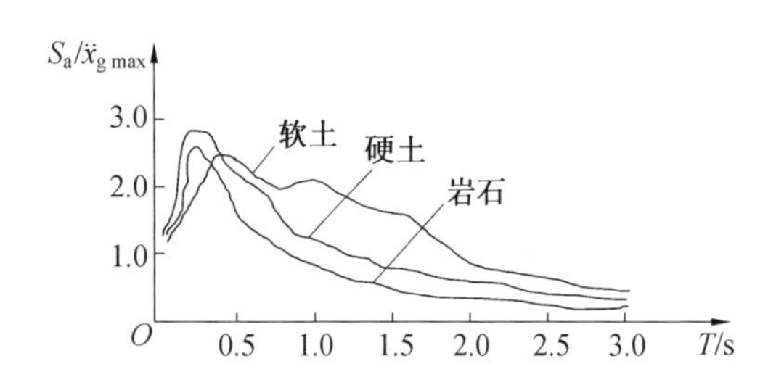

图 4.5　场地条件对加速度反应谱的影响

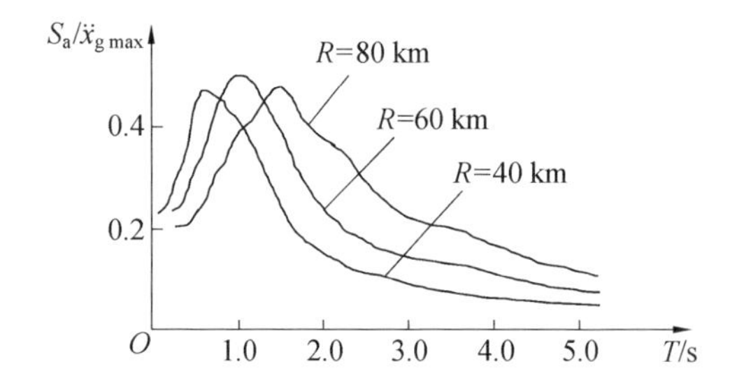

图 4.6　震中距对加速度反应谱的影响

4.3.2　位移反应谱、伪速度反应谱及伪加速度反应谱

如果不采用数值积分方法,而利用杜哈梅尔积分方法对单自由度的反应过程进行求解,可以得到单自由度体系在地震动作用下的位移反应的解析表达式,见式(4.4)。求解过程可参考建筑结构抗震设计或地震工程等相关书籍,本章直接给出结果,体系的相对位移为

$$x(t)=\int_0^t \mathrm{d}x=-\frac{1}{\omega_\mathrm{d}}\int_0^t \ddot{x}_\mathrm{g}(\tau)\mathrm{e}^{-\xi\omega(t-\tau)}\sin\omega_\mathrm{d}(t-\tau)\mathrm{d}\tau \tag{4.4}$$

体系的相对速度为

$$\dot{x}(t)=\frac{\mathrm{d}x}{\mathrm{d}t}=-\int_0^t \ddot{x}_\mathrm{g}(\tau)\mathrm{e}^{-\xi\omega(t-\tau)}\cos\omega_\mathrm{d}(t-\tau)\mathrm{d}\tau+\frac{\xi\omega}{\omega_\mathrm{d}}\int_0^t \ddot{x}_\mathrm{g}(\tau)\mathrm{e}^{-\xi\omega(t-\tau)}\sin\omega_\mathrm{d}(t-\tau)\mathrm{d}\tau \tag{4.5}$$

体系的绝对加速度为

$$\begin{aligned}\ddot{x}+\ddot{x}_g=&-2\xi\omega\dot{x}-\omega^2 x=\\&2\xi\omega\int_0^t \ddot{x}_g(\tau)\mathrm{e}^{-\xi\omega(t-\tau)}\cos\omega_d(t-\tau)\mathrm{d}\tau-\\&\frac{2\xi^2\omega^2}{\omega_d}\int_0^t \ddot{x}_g(\tau)\mathrm{e}^{-\xi\omega(t-\tau)}\sin\omega_d(t-\tau)\mathrm{d}\tau+\\&\frac{\omega^2}{\omega_d}\int_0^t \ddot{x}_g(\tau)\mathrm{e}^{-\xi\omega(t-\tau)}\sin\omega_d(t-\tau)\mathrm{d}\tau\end{aligned}\tag{4.6}$$

求以上 3 个式子最大值即可以得到前面所提的位移反应谱、速度反应谱和加速度反应谱，在求最大值的过程中，如做以下的三点简化：① 由于阻尼比 ξ 很小，因此可以忽略上式中 ξ 和 ξ^2 项；②ω_d 与 ω 很相近，所以可以取 $\omega_d=\omega$；③ 用 $\sin\omega(t-\tau)$ 取代 $\cos\omega(t-\tau)$，做这样的处理不影响上述两式的最大值，只是相位上相差 $\pi/2$。这样，式(4.4)、(4.5) 和 (4.6) 求最大值后，可以简化表示为

$$S_d=|x(t)|_{\max}=\frac{1}{\omega}\left|\int_0^t \ddot{x}_g(\tau)\mathrm{e}^{-\xi\omega(t-\tau)}\sin\omega(t-\tau)\mathrm{d}\tau\right|_{\max}\tag{4.7}$$

$$\bar{S}_v=|\dot{x}(t)|_{\max}=\left|\int_0^t \ddot{x}_g(\tau)\mathrm{e}^{-\xi\omega(t-\tau)}\sin\omega(t-\tau)\mathrm{d}\tau\right|_{\max}\tag{4.8}$$

$$\bar{S}_a=|\ddot{x}(t)+\ddot{x}_g|_{\max}=\omega\left|\int_0^t \ddot{x}_g(\tau)\mathrm{e}^{-\xi\omega(t-\tau)}\sin\omega(t-\tau)\mathrm{d}\tau\right|_{\max}\tag{4.9}$$

上面三式存在以下简单关系

$$\bar{S}_a=\omega\bar{S}_v=\omega^2 S_d\tag{4.10}$$

也就是说，只要知道了 S_d，即可以很简便地利用式(4.10) 计算出 $\bar{S}_v$ 和 $\bar{S}_a$。由于 $\bar{S}_v$、$\bar{S}_a$ 与 S_d 之间只差 ω 和 ω^2，$\bar{S}_v$、$\bar{S}_a$ 分别具有速度和加速度的单位，通常称两者分别为伪速度谱和伪加速度谱，图 4.7 为位移反应谱、伪速度反应谱和伪加速度反应谱 El Centro 地震动记录。这里之所以称为伪加速度谱和伪速度谱，原因是两者与体系真实的加速度谱和速度谱是有差别的。

图 4.8 为伪速度谱与速度谱的对比情况(El Centro 地震动记录)，从图中可以看出，对于长周期结构 $\bar{S}_v$ 小于 S_v，且周期越长，差别越大，这是因为当周期很长时，虽然有地震动作用，但体系却几乎保持静止，这样体系的位移趋向于地面位移，体系的速度也趋向于地面速度。由于体系的周期很长，其对应的自振频率很小，而体系的位移趋向于地面位移，由式(4.10) 可知，伪速度将趋近于 0。短周期结构，速度谱也是大于伪速度谱。在中周期频段，两者在一段很长的范围内差别较小。为了考察不同阻尼比情况下，速度谱和拟速度谱的差别，图 4.8 还给出了不同阻尼比(0.02、0.05 和 0.10) 情况下，速度谱与伪速度谱的比值。从图中可以看出，在长和短周期频段，两者的差别随阻尼比的增加而增加，而在中周期频段，不同阻尼比对应的速度和伪速度谱均差别不大。

下面分析加速度谱和伪加速度谱的差别。对于无阻尼体系，两者是相同的，这是因为当阻尼比为 0 时，式(4.6) 可以简化为

$$\ddot{x}+\ddot{x}_g=-\omega^2 x\tag{4.11}$$

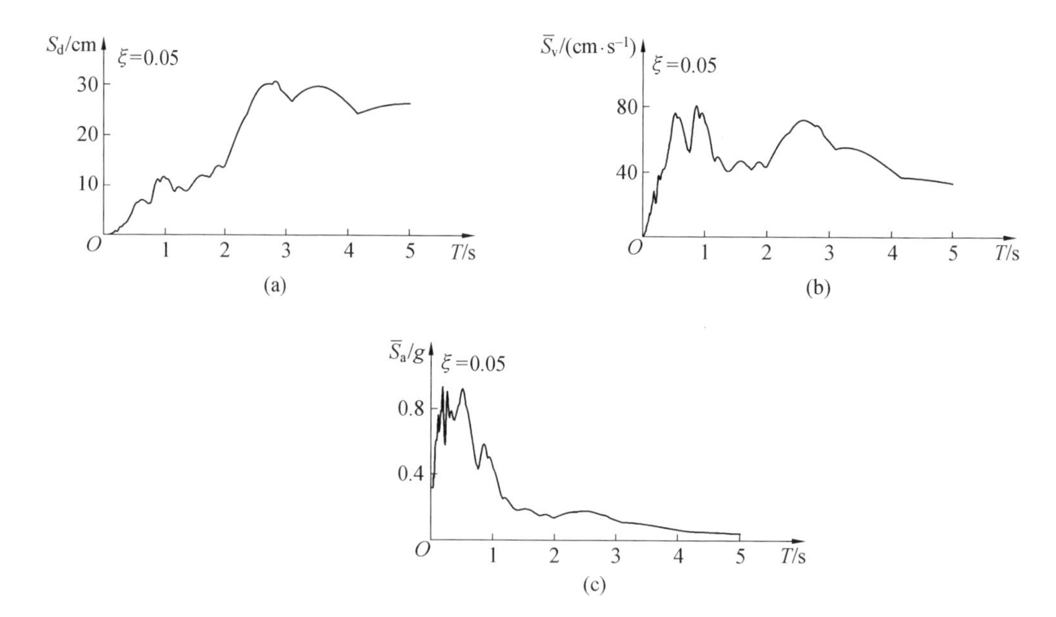

图 4.7 位移反应谱、伪速度反应谱和伪加速度反应谱(El Centro 地震动记录)

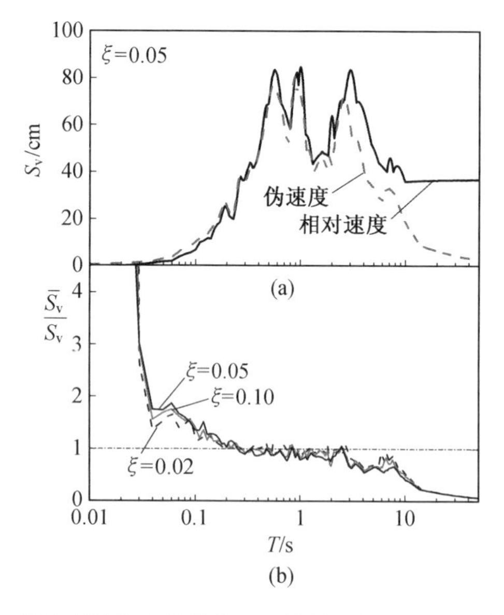

图 4.8 伪速度谱与速度谱的对比情况(El Centro 地震动记录)

上式取最大值后,即为

$$S_a = |\ddot{x} + \ddot{x}_g|_{\max} = |-\omega^2 x|_{\max} = |\omega^2 x| = \bar{S}_a \tag{4.12}$$

由此可以得出结论,当阻尼比为 0 时,加速度谱和拟加速度谱是相同的。而当阻尼不为 0 时,两者将有所差别,这也可以从物理概念上可以获得解释[104],因为体系的最大弹性恢复力为

$$k\ |x|_{\max} = kS_d = k\frac{\bar{S}_a}{\omega^2} = m\bar{S}_a \tag{4.13}$$

由公式(4.1)可知，mS_a 是弹性恢复力和阻尼力峰值之和，也就是说拟加速度只是给出了真实加速度的一部分，拟加速度小于真实加速度，这也可以从数值分析的结果上看出。图 4.9 给出了对应 El Centro 地震动的加速度谱和拟加速度谱的对比情况，图中给出了阻尼比为 0.05 的加速度谱和伪加速度谱以及对应 3 个阻尼比两者之间的比值，从图中可以看出，当阻尼比为 0.05 时，加速度谱和伪加速度谱差别很小，几乎可以认为两者是相等的。对于任何的阻尼比，两者在短周期频段相差很小，但对长周期和大阻尼体系，两者的差别不可忽略。

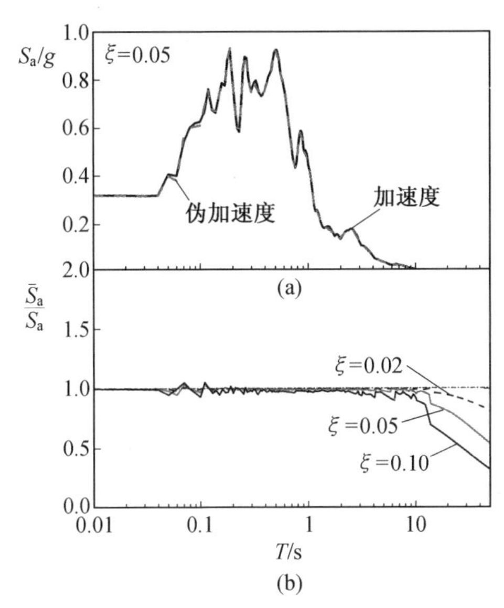

图 4.9　加速度谱和伪加速度谱的对比(El Centro 地震动记录)

4.3.3　三联反应谱

由式(4.10)可以看出，位移反应谱、伪速度谱和伪加速度谱之间存在一个简单的关系，$\bar{S}_a=\omega\bar{S}_v$，$\bar{S}_v=\omega S_d$，对上式取对数，即有

$$\begin{aligned}\log\overline{S_a}&=\log\overline{S_v}+\log\omega\\ \log\overline{S_d}&=\log\overline{S_v}-\log\omega\end{aligned}\tag{4.14}$$

也就是说，位移反应谱、伪速度谱和伪加速度谱的对数值和频率的对数值之间存在一个简单的直线关系(El Centro 地震动记录)三联反应谱，这样就可以把 3 个谱值反映在同一张图上，这个图称为三联反应谱。图 4.10 为三联反应谱(El Centro 地震动记录)，图中横坐标为周期(或频率的对数值)，纵坐标为伪速度谱的对数值，位移谱和伪加速度的坐标分别为与周期坐标轴倾斜 $+45^\circ$ 和 -45° 的坐标轴，这两个坐标轴也为对数坐标轴。

需要指出的是，虽然位移反应谱、伪速度谱和伪加速度谱包含相同的信息，只要知道一个谱，其余的谱就可以通过解析关系式获得。这里之所以要画出三联谱，一个很重要的原因，每种谱都直接与有物理意义的设计值相关，如位移谱表示最大的位移，伪速度谱与体系中的应变能直接相关，而伪加速度与设计作用力相关。通过三联谱即可以直观方便地确定体系的 3 个物理量，从而方便进行工程结构的抗震设计。

图 4.11 为标准化后的三联谱(El Centro 地震动记录)，即位移反应谱、伪速度谱和伪加速度谱均用地震动的峰值位移、峰值速度和峰值加速度标准化，同时图中还给出了地震动的峰值位移、峰值速度和峰值加速度。图 4.12 给出了的三联谱理想化形式，各直线段分界点 a、b、c、d、e 和 f 分别为所对应的周期为 0.035 s、0.125 s、0.5 s、3.0 s、10 s 和 15 s。对于周期非常短的体系，伪加速度接近于地面峰值加速度，对于周期非常长的体系，体系的位移接近于地震动的峰值位移。

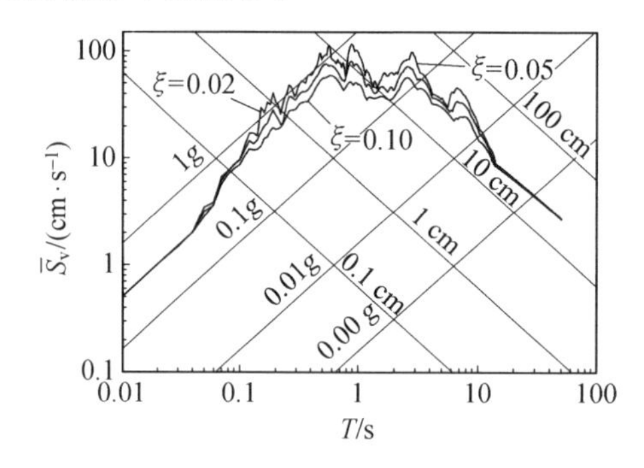

图 4.10　三联反应谱(El Centro 地震动记录)

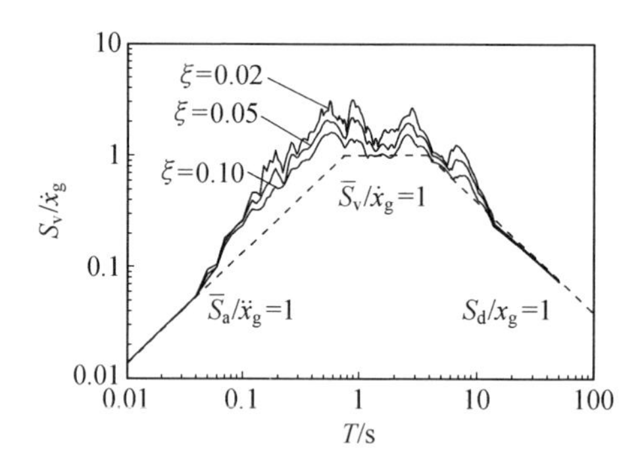

图 4.11　标准化后的三联谱(El Centro 地震动记录)

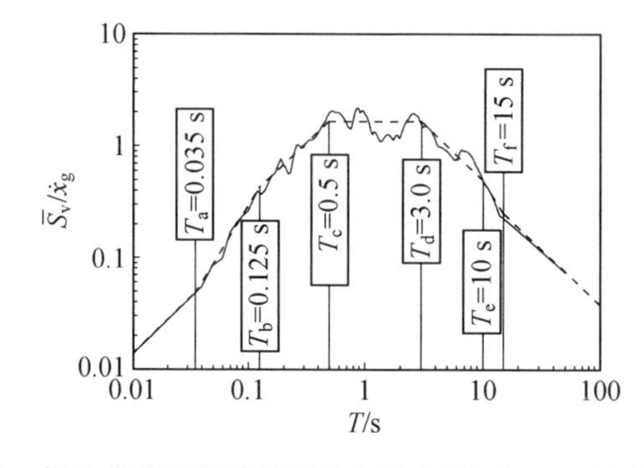

图 4.12　标准化的三联谱及理想化形式(El Centro 地震动记录)

对于周期在 $T_a=0.035$ s 到 $T_c=0.50$ s 之间的短周期体系，伪加速度大于地震动峰值加速度，放大幅度取决于周期和阻尼比。在该周期段，伪加速度可以理想化为一个常数，这个常数等于地震动峰值加速度乘以一个与阻尼比有关的放大系数。

对于周期在 $T_d=3$ s到 $T_f=15$ s之间的长周期体系，位移谱值一般大于地震动峰值位移，放大幅度取决于周期和阻尼比。在该周期段，位移谱值可以理想化为地震动峰值位移乘以与阻尼比相关的放大系数的乘积。

对于周期在 $T_c=0.5$ s到 $T_d=3.0$ s之间的中等周期体系，伪速度谱值大于地震动峰值。在该周期段，拟速度谱值也可以理想化为一个常数，这个常数等于地震动峰值速度乘以一个与阻尼比有关的放大系数。

基于以上分析，反应谱可分为3个周期频段(图4.11)。d 点右侧的长周期区域频段由于结构反应与地面位移之间的关系最为直接，因此称为位移敏感区。c 点左侧的短周期频段由于结构反应与地面加速度之间的关系最为直接，因此称为加速度敏感区。c 点到 d 点之间的中间周期段由于结构反应与地面速度之间的相关性比与其他地面运动参数之间的相关性更大，因此称为速度敏感区。

4.4 弹性抗震设计谱

4.4.1 抗震设计谱的确定

抗震设计谱是现行抗震设计规范用以确定地震作用的最重要参数，是考虑各类建筑结构所受地震作用的关键性环节，如何正确地给出抗震设计谱是抗震设防过程中至关重要的问题之一。抗震设计谱代表着工程结构在其使用期限内可能经受的地震作用的预估，其确定是以大量的地震动观测记录为数据基础，取相同或相近的条件(例如相近的场地条件)下的许多加速度记录，在给定阻尼比的情况下，得到相应于该阻尼下的加速度反应谱，除以对应的加速度记录的最大加速度，进行统计分析取综合平均并结合经验判断给予平滑化得到"规准反应谱"(或标准谱)，将规准反应谱乘以相应的地震系数，即为规范通常采用的地震影响系数曲线，也就是传统意义上所说的抗震设计谱。设计谱的建立程序一般要经过4个过程，这4个过程可以简单地归结为规准化(标准化)、平均化、平滑化和经验化[97]。规准化是指将地震动记录的绝对反应谱简单处理为规准化反应谱或放大系数谱的过程；平均化是设计谱建立过程中的主要工作，需要在地震动记录选取分类的基础上进行，地震动记录的数量，其选取是否具有代表性，记录分类指标和分类方法的选择，分类程度的粗细等都会对平均结果产生较大的影响，也是不同研究结果之间存在差异的最主要原因；平滑化是按照一定的表达形式将平均结果简单处理为光滑线条或简单形状的过程，经验化则是根据专家的经验考虑最终确定设计谱的过程，一般需要结合经济状况、安全度以及数据的离散情况而定。

地震是随机的，即使在同一地点、相同的地震烈度，前后两次地震所记录到的地面运动时程曲线也有很大的差别。不同的加速度时程曲线可以算得不同的反应谱曲线，虽然它们之间有着某些共同特性，但毕竟存在着许多差别。在进行工程结构设计时，也无法预知该建筑物将会遇到怎样的地震。因此，仅用某一次地震加速度时程曲线所得到的反应谱曲线作为设计标准来计算地震作用是不恰当的。而且，依据单个地震所绘制的反应谱曲线波动起伏、变化频繁，也很难在实际抗震设计中应用；必须进行平滑化处理，使之能用几个数学表达式来表示它的变化。为此，必须根据同一类场地上所得到的地面运动加速度记录分别计算出它的反应谱曲线，然后将这些谱曲线进行统计分析，求出其中有代表性的平均反应谱曲线，然后结合经验判断确定，从而得到抗震设计反应谱。

我国建筑抗震规范的设计谱采用无量纲化的加速度反应谱，即地震影响系数 $\alpha(T)=S_a(T)/g$，这里 g 为重力加速度。图 4.13 给出了我国《建筑结构抗震设计规范》(GB 50011－2010)(下称《2010 规范》) 规定的地震影响系数。

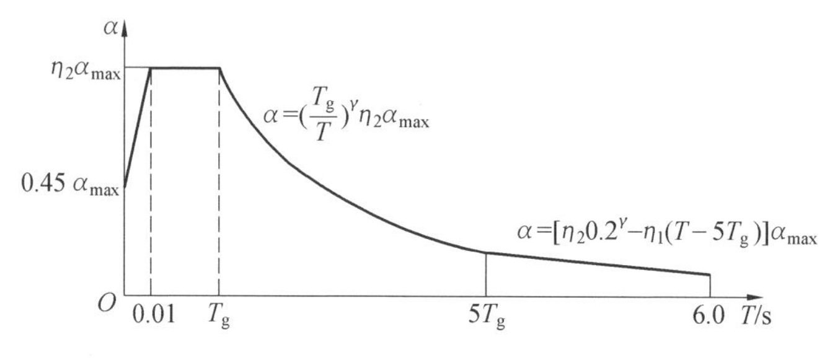

图 4.13　我国《2010 规范》规定的地震影响系数

图中 α_{max} 为阻尼比为 0.05 的地震影响系数最大值，按表 4.2 取值；T_g 为场地特征周期，按表 4.3 取值，其中分组反映了震中距的影响；γ 为曲线下降段的衰减指数，$\gamma=0.9+\dfrac{0.05-\xi}{0.3+6\xi}$；$\eta_1$ 为直线下降段的斜率调整系数，$\eta_1=0.02+\dfrac{(0.05-\xi)}{4+32\xi}$；$\eta_2$ 为阻尼调整系数，$\eta_2=1+\dfrac{0.05-\xi}{0.08+1.6\xi}$，但 η_2 小于 0.55 时，应取 0.55。

表 4.2　地震影响系数最大值($\xi=0.05$)

地震影响	烈度			
	6	7	8	9
多遇地震	0.04	0.08(0.12)	0.16(0.24)	0.32
罕遇地震	0.28	0.50(0.72)	0.90(1.20)	1.40

注：括号内数字分别对应于设计基本加速度 $0.15g$ 和 $0.30g$ 地区的地震影响系数。

表 4.3　特征周期值　　s

场地类别	I_0	I_1	Ⅱ	Ⅲ	Ⅳ
第一组	0.20	0.25	0.35	0.45	0.65
第二组	0.25	0.30	0.40	0.55	0.75
第三组	0.30	0.35	0.45	0.65	0.90

4.4.2　我国抗震设计谱的发展演变

我国的抗震规范经历了《地震区建筑规范(草案)》(1959)、《地震区建筑设计规范(草案稿)》(1964)、《工业与民用建筑抗震设计规范》(TJ 11—74)(试行)、《工业与民用建筑抗震设计规范》(TJ 11—78)、《建筑抗震设计规范》(GBJ 11—89)、《建筑抗震设计规范》(GB

50011—2001)、《建筑抗震设计规范》(GB 50011—2010) 的发展过程,作为确定地震作用基本依据的抗震设计谱一直不断的趋于完善。

1.《1959 **年地震区建筑规范(草案)》(下称《59 规范》)**

《59 规范》没有区分场地类别考虑地震作用,计算结构的地震作用时,根据统一的地震反应谱进行计算,反应谱的形状如图 4.14 所示,图中横坐标为结构的周期,纵坐标为地震影响系数。

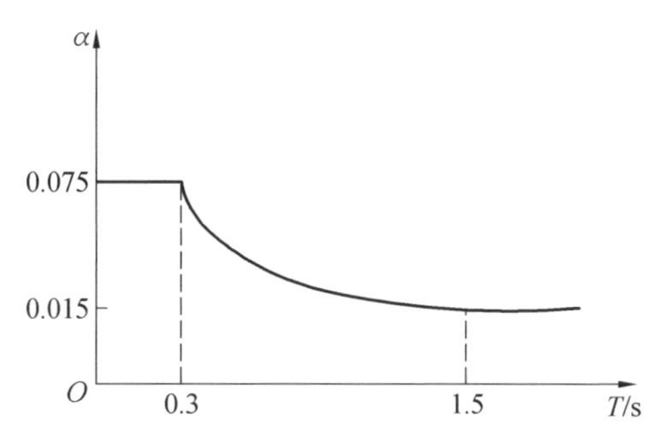

图 4.14　《59 规范》的反应谱形式

2.《1964 **年地震区建筑设计规范(草案)》(下称《64 规范》)**

与《59 规范》不同的是,《64 规范》考虑了场地的分类。《64 规范》规定应根据建筑场地的勘探资料将场地分为 4 类,值得注意的是,《64 规范》中的场地类别称为地基类别。关于地震作用的计算问题,《64 规范》规定应以弹性结构振动理论为基础,并采用下列两个系数作为地震烈度的定量指标:① 地震系数 K,表示地震时地面最大加速度与重力加速度的比值,可从表 4.4 查出;② 动力系数 β,表示不同周期的单自由度结构在水平方向地震作用下的最大加速度反应与地面最大加速度的比值,《64 规范》反应谱形式如图 4.15 所示。

表 4.4　《64 规范》中地震系数的取值

设防烈度	7	8	9	10
地震系数 K	0.075	0.25	0.30	0.60

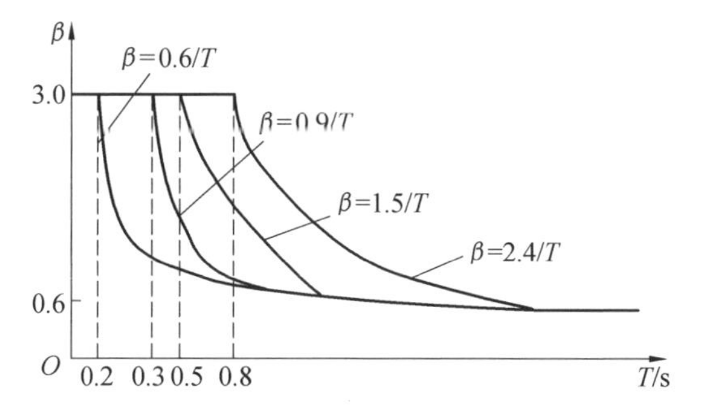

图 4.15　《64 规范》反应谱形式

3.**《工业与民用建筑抗震设计规范》**(TJ 11—74 **及** TJ 11—78)(**下称《**74 **规范》和《**78 **规范》**)

《74 规范》《78 规范》将场地土分为 3 类，设计反应谱形状完全取决于场地条件，与其他许多因素无关。《74 规范》《78 规范》规定的反应谱的形状如图 4.16 所示，此反应谱的纵坐标为地震影响系数 α。《64 规范》与《74 规范》反应谱的比较见表 4.5。

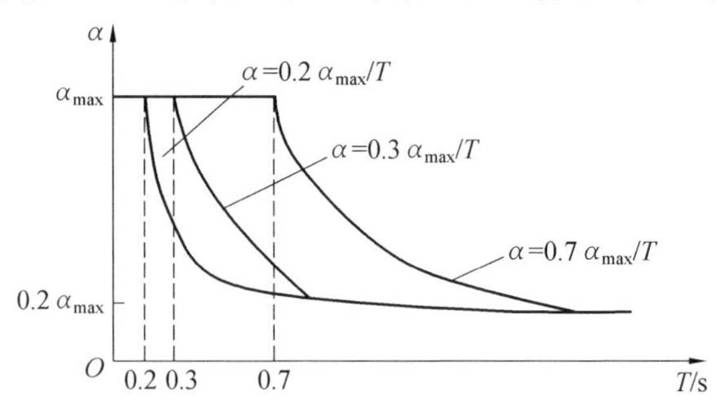

图 4.16 《74 规范》和《78 规范》反应谱形式

表 4.5 《64 规范》与《74 规范》反应谱的比较

规范名称	地震荷载公式	K			β	特征周期				峰点后衰减	$\alpha(\beta)$ 最小值			
		7 度	8 度	9 度		Ⅰ	Ⅱ	Ⅲ	Ⅳ		Ⅰ	Ⅱ	Ⅲ	Ⅳ
《64 规范》	$Q_0 = CK\beta W$	0.075	0.15	0.3	3.00	0.2	0.3	0.5	0.8	$1/T$	0.6	0.6	0.6	0.6
《74 规范》	$Q_0 = CK\beta W$	0.1	0.2	0.4	2.25	0.2	0.3	0.7		$1/T$	0.034 0.068 0.135	0.034 0.068 0.135	0.034 0.068 0.135	

注：Q_0 为结构的基底剪力，C 为结构影响系数，K 为地震系数，β 为动力放大系数，W 为结构的重量

这里需说明的是，我国《78 规范》给出的设计谱均是针对中震抗震水平给出的，需要利用地震影响系数 C 得到设计地震力。我国从《89 规范》开始，直接给出了小震水平的设计谱，从而直接进行设计。

4.**《建筑抗震设计规范》**(GBJ 11—89)

在《89 规范》修订中，将场地分为 4 类，《89 规范》在划分场地类别时，将场地的软硬程度和场地的覆盖层厚度作为划分的标准。《78 规范》中的反应谱是以 20 世纪 60 年代以来国内外研究成果为基础，综合考虑了各国的资料和经验并结合我国的实际情况提出来的。随着地震动记录的增加以及对加速度反应谱影响因素的研究，《89 规范》的设计反应谱(图 4.17) 做了较大的修改：

① 增加了近震反应谱和远震反应谱的规定。《89 规范》适当考虑了震级、震中距对反应谱形状的影响，区分为设计近震和设计远震。

② 抗震设计反应谱的特征周期。《89 规范》抗震设计反应谱曲线下降段与平台段交界点即特征周期 T_g，表 4.6 给出了《89 规范》场地类别中设计近震和远震反应谱的特征周期，特征周期表示了建筑所在场地的场地特征、震源机制和震中距远近的特征。

③ 地震影响系数曲线。《89 规范》对《78 规范》中的地震影响系数曲线的修改之处为：① 将原来 0 ～ 0.1 s之间的水平直线改为斜线，反应谱增加这一线段的主要作用是为了能合理地拟合人工合成地震波（拟合设计反应谱）。当 $T=0$ s时，$\alpha=0.45\alpha_{\max}$，这是因为绝对刚性的结构无动力放大；②《89 规范》设计反应谱的适用范围为 0 ～ 3 s，当周期在 $T_g \leqslant T \leqslant 3$ s范围内时，谱的形状均用$(T_g/T)^{0.9}$代替《78 规范》的(T_g/T)的曲线，稍放缓了曲线的下降速度；③ 从安全的角度考虑，地震影响曲线的最小值与《78 规范》一样不小于 $0.2\alpha_{\max}$。

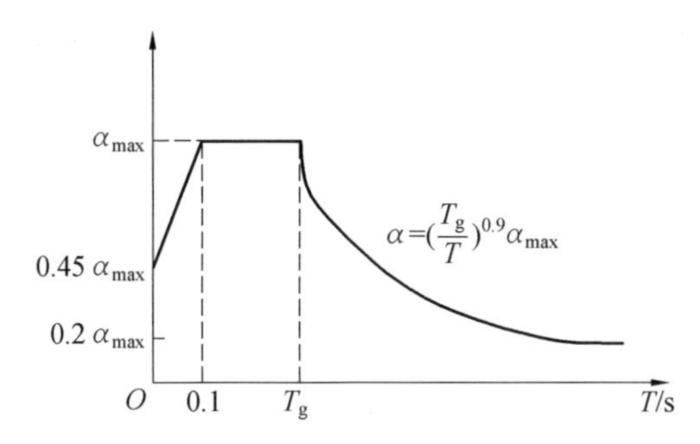

图 4.17　《89 规范》反应谱形式

表 4.6　《89 规范》中的特征周期取值

设计近、远震	场地类别			
	Ⅰ	Ⅱ	Ⅲ	Ⅳ
近震	0.20	0.30	0.40	0.65
远震	0.25	0.40	0.55	0.85

5.**《建筑抗震设计规范》**(GB 50011—2001)

《2001 规范》规定：建筑结构的地震影响系数应根据烈度、场地类别、设计地震分组、结构自振周期及阻尼比确定，其水平地震影响系数最大值按表 4.7 采用，特征周期应根据场地类别和设计分组按表 4.8 采用，计算罕遇地震作用时，特征周期应增加 0.05 s。《2001 规范》给出的地震影响系数(图 4.18)，可统一分为下列 4 段：

① 直线上升段(0 ～ 0.1 s)：$\alpha=[0.45+10(\eta_2-0.45)T]\alpha_{\max}$；

② 水平段(0.1 s ～ T_g)：$\alpha=\eta_2\alpha_{\max}$；

③ 曲线下降段：(T_g-5T_g)：$\alpha=(T_g/T)^{\gamma}\eta_2\alpha_{\max}$；

④ 直线下降段：$(5T_g-6\text{ s})$：$\alpha=[0.2^{\gamma}\eta_2-\eta_1(T-5T_g)]\alpha_{\max}$。

式中，γ为曲线下降段的衰减指数，$\gamma=0.9+\dfrac{0.05-\xi}{0.5+5\xi}$；$\xi$为阻尼比；阻尼调整系数 η_2 应按下式确定：$\eta_2=1+\dfrac{0.05-\xi}{0.06+1.7\xi}\geqslant 0.55$；直线下降斜率调整系数应按下式确定：$\eta_1=0.02+$

$(0.05-\xi)/8 \geqslant 0$。

表 4.7 《2001 规范》规定的水平地震影响系数最大值取值

地震影响	6 度	7 度	8 度	9 度
多遇地震	0.04	0.08(0.12)	0.16(0.24)	0.32
罕遇地震	—	0.50(0.72)	0.90(1.20)	1.40

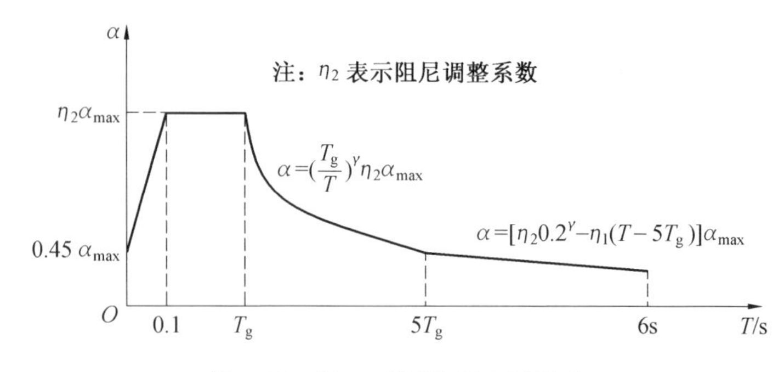

图 4.18 《2001 规范》反应谱形式

《2001 规范》给出的地震影响系数对《89 规范》进行了如下重大修改：

① 地震影响系数的周期范围延长至 6 s。根据地震学研究和地震观测资料统计分析，在周期 6 s 范围内，有可能给出比较可靠的数据，也基本满足了国内绝大多数高层建筑和长周期结构的抗震设计需要。对于周期大于 6 s 的结构，地震影响系数仍专门研究。

② 理论上，设计反应谱存在两个下降段，即：速度控制段和位移下降段，在加速度反应谱中，前者衰减指数为 1，后者衰减指数为 2。设计反应谱是用来预估建筑结构在其设计基准期内可能经受的地震作用，通常根据大量实际地震动记录的反应谱进行统计并结合工程经验加以规定。为保持规范的延续性，地震影响系数在 $T \leqslant 5T_g$ 范围内与《89 规范》相同，在 $T > 5T_g$ 的范围内，把《89 规范》设计反应谱下降段的斜率稍做修改，不同场地类别的最小值不同，较符合实际反应谱的统计规律。在 $T=6T_g$ 附近，《2001 规范》的地震影响系数值比《89 规范》约增加 15%，其余范围取值的变动更小。

③ 为了与我国地震动参数区划图接轨，《89 规范》的设计近震和设计远震改为设计地震分组。地震影响系数的特征周期 T_g，即设计特征周期，不仅与场地类别有关，而且还与设计地震分组有关，可更好地反映震级、震中距和场地条件的影响，其值见表 4.8。

表 4.8 《2001 规范》规定的特征周期取值

设计地震分组	场地类别			
	Ⅰ	Ⅱ	Ⅲ	Ⅳ
第一组	0.25	0.35	0.45	0.65
第二组	0.30	0.40	0.55	0.75
第三组	0.35	0.45	0.65	0.90

④ 考虑到不同结构类型建筑的抗震设计要求，提供了各阻尼比(0.01 ～ 0.20) 对应的地震影响系数曲线相对于标准阻尼比 0.05 对应的地震影响系数曲线的修正方法。根据实际地震记录的统计分析结果，这种修正可以分两段进行：在反应谱的平台段($\alpha = \alpha_{max}$)，修正幅度最大；在反应谱的上升段($T < T_g$) 和下降段($T > T_g$)，修正幅度较小；在曲线两端(0 s 和 6 s)，不同阻尼比下 α 系数趋向于接近。

⑤ 现阶段仍采用抗震设防烈度所对应的水平地震影响系数最大值 α_{max}(见表 4.7)，多遇地震烈度和罕遇地震烈度分别对应50年设计基准期内超越概率为63％和2％～3％的地震烈度，也就是通常所说的小震烈度和大震烈度。为了与中国地震动参数区划图接轨，除沿用《89 规范》6、7、8、9 度所对应的设计基本加速度值外，特在 7 ～ 8 度、8 ～ 9 度之间各增加一档，用括号内的数字表示，分别对应于设计基本地震加速度为 $0.15g$ 和$0.30g$。

6.《建筑抗震设计规范》(GB 50011—2010)

《建筑抗震设计规范》(GB 50011—2010) 下称《2010 规范》，本规范保持了《2001 规范》设计谱的计算表达式，设计谱的形式和参数取值见图 4.13、表 4.2 和表 4.3，只对其参数进行了调整：

① 基本解决了《2001 规范》在长周期段，不同阻尼比地震影响系数曲线交叉、大阻尼曲线值高于小阻尼曲线值的不合理现象。

② 降低了小阻尼(0.02 ～ 0.035) 的地震影响系数值，最大降低幅度达 18％，略提高了阻尼比 6％ ～ 10％ 的地震影响系数值，长周期部分最大增幅约 5％。

③ 适当降低了大阻尼(0.20 ～ 0.30) 的地震影响系数值，在 $5T_g$ 周期以内，基本不变，长周期部分最大降幅约 10％。

以上论述了我国抗震规范中设计反应谱的发展演变过程，从抗震设计规范的发展历史看，设计反应谱的演变是一个随着震害经验和地震动的积累以及对地震动反应谱特性的不断认识而逐渐深入的过程，无论是考虑场地条件，还是考虑近远震的影响，从实质上讲，设计反应谱的演变都是朝着场地地震环境相关性设计反应谱的方向发展，而场地地震环境的区别主要表现在场地特征周期和反应谱谱值上，我国《地震动参数区划图》也将反应谱的特征周期和地震动加速度作为反应谱的两个独立的参数，因此，设计反应谱的演变主要体现在对反应谱的特征周期以及反应谱谱值的不断修正上，这些改进使工程结构的抗震更为完善、合理。

4.5　小　　结

本章首先建立了单自由度体系在地震动作用下的运动方程，并给出了一种常用的求解方法。然后给出了反应谱的概念，分析了地震动参数及结构动力特性对反应谱的影响规律，研究了位移反应谱、伪速度反应谱及伪加速度反应谱之间的关系，分析了建立三联反应谱的必要性，探讨了其形状特征。研究了抗震设计谱的建立过程，分析了我国抗震规范中设计谱的发展演化过程，指出了各个时期设计谱的特点。

第 5 章　地震动双规准反应谱

5.1 引　　言

反应谱是反映地震动总体特征的一个重要指标，但除了地震动本身以外，反应谱还受到许多其他因素的影响，其中主要包括场地条件、震源情况、距离、阻尼比等。将地震动记录按影响因素分类统计，寻求地震动反应谱之间的差异及规律是确定设计谱的传统做法。然而，地震动是十分复杂的，不同的研究者，所用的地震记录种类及数量、分类方法与分类指标的不同等，都会造成研究结果上的差异，进而会直接影响到不同国家、不同时期、不同行业对设计谱的准确表达。地震动观测记录是抗震设计谱建立的数据基础。然而，现有的地震动记录在世界范围内的分布极为不均，如何估计稀缺记录国家与地区的设计谱也是需要研究的重要内容。考虑各种地震动参数的影响需要回答的是地震动的差异性问题，考虑地震动的地理分布则需要回答复杂的地震动有无统一性问题。

本章给出了地震动双规准化反应谱的定义，在搜集大量地震动记录的基础上，分别讨论地震动的加速度和速度规准反应谱、双规准反应谱以及标定周期的特性，以寻求地震动反应谱的统一规律和变化特征，并给出基于双规准反应谱特征的抗震设计谱。

5.2 加速度双规准反应谱

加速度规准反应谱又称为标准化反应谱或放大系数谱或 β 谱，就是将地震反应谱谱值除以对应的地震动最大值，使之规准化[3]，如式(5.1)所示。它反映了单质点体系在地震作用下的响应对地震动加速度峰值的放大情况。将反应谱规准化的目的是为了消除地震动强度对反应谱纵轴坐标值的影响，是用于比较不同地震动频谱特性的工具，规准化加速度反应谱的特性也是传统设计谱研究中的主要内容。

$$\beta_n(T)=\frac{\omega_d}{\mathrm{PGA}}\left|\int_0^t \ddot{x}(\tau)\,\mathrm{e}^{-\xi\omega(t-\tau)}\left[\left(1-\frac{\xi^2}{1-\xi^2}\right)\sin\omega_d(t-\tau)+\frac{2\xi}{\sqrt{1-\xi^2}}\cos\omega_d(t-\tau)\right]\mathrm{d}\tau\right|_{\max} \tag{5.1}$$

双规准化反应谱(Bi-Normalized Response Spectrum，BNRS) 是在规准化反应谱的基础上，再将横坐标无量纲化，即用横坐标的坐标周期值除以规准反应谱的卓越周期 T_p，如式(5.2) 所示。

$$\beta_{bn}\left(\frac{T}{T_p}\right)=\frac{2\pi\omega_d}{\omega_p\cdot\mathrm{PGA}}\left|\int_0^t \ddot{x}(\tau)\,\mathrm{e}^{-\frac{2\pi\omega}{\omega_p}\xi(t-\tau)}\left[\left(1-\frac{\xi^2}{1-\xi^2}\right)\sin\frac{2\pi\omega_d}{\omega_p}(t-\tau)+\frac{2\xi}{\sqrt{1-\xi^2}}\cos\frac{2\pi\omega_d}{\omega_p}(t-\tau)\right]\mathrm{d}\tau\right|_{\max} \tag{5.2}$$

加速度反应谱的双规准化包括纵坐标和横坐标的规准化，纵坐标的规准化是为了消除不同地震动强度对反应谱谱值的影响，横坐标的规准化则主要是消除不同反应谱卓越周期对反应谱形状的影响[94]。研究表明[95]，如果地震动是简谐波的形式，对于不同的规准谱，均将其横坐标除以各自的谱峰值周期 T_p，即用谱峰值周期再将规准谱的横坐标规准化。可以发现简谐地震动的双规准化反应谱十分近似，当不同的简谐波作用循环周期数相同时，它们双规准化反应谱也完全吻合。

从实际地震动出发，对基于加速度谱卓越周期 T_{p} 的双规准反应谱的研究结果表明，双规准加速度反应谱在长周期段存在离散性大的特点主要由 T_{p} 的离散性大或可估计性较差引起。为了改善这一问题并丰富双规准反应谱的概念，引入了基于 T_{o} 的双规准反应谱

$$\beta_{\mathrm{bn}}\left(\frac{T}{T_{\mathrm{o}}}\right)=\frac{2\pi\omega_{\mathrm{d}}}{\omega_{\mathrm{o}}\cdot\mathrm{PGA}}\left|\int_0^t \ddot{x}(\tau)\,\mathrm{e}^{-\frac{2\pi\omega}{\omega_{\mathrm{o}}}\xi(t-\tau)}\left[\left(1-\frac{\xi^2}{1-\xi^2}\right)\sin\frac{2\pi\omega_{\mathrm{d}}}{\omega_{\mathrm{o}}}(t-\tau)+\frac{2\xi}{\sqrt{1-\xi^2}}\cos\frac{2\pi\omega_{\mathrm{d}}}{\omega_{\mathrm{o}}}(t-\tau)\right]\mathrm{d}\tau\right|_{\max} \tag{5.3}$$

式中，$\omega_{\mathrm{o}}=2\pi/T_{\mathrm{o}}$，$T_{\mathrm{o}}$ 的计算式为

$$T_{\mathrm{o}}=\frac{\sum_i T_i\cdot\ln\left(\frac{S_{\mathrm{a}}(T_i)}{\mathrm{PGA}}\right)}{\sum_i\ln\left(\frac{S_{\mathrm{a}}(T_i)}{\mathrm{PGA}}\right)},\qquad 令\frac{S_{\mathrm{a}}}{\mathrm{PGA}}\geqslant 1.2 \tag{5.4}$$

式中　T_i—— 规准反应谱等间距离散周期；

$S_{\mathrm{a}}(T_i)$——T_i 对应的谱值；

T_{o}—— 将规准反应谱进行平滑化处理后的谱卓越周期[96]。

为了简单地说明地震动加速度反应谱、规准反应谱和双规准反应谱的一些特征，从台湾 Chi－Chi 地震中选取了两条地震动(加速度时程如图 5.1 所示)，它们的场地条件、断层距均相差悬殊。图 5.2 分别给出了两条地震动的加速度规准反应谱和分别基于 T_{p}、T_{o} 的双规准反应谱(阻尼比为 0.05)。可以看出，在消除了地震动加速度强度和地震动相应规准周期的影响后，两种双规准反应谱的谱形状都更为类似，表现出较传统规准谱更好的一致性。

接下来讨论阻尼比为 0.05 的加速度规准反应谱，周期范围为 0.05 ～ 12 s。双规准反应谱的无量纲周期(T/T_{p} 或 T/T_{o}) 范围限定为 0.05 ～ 12。这一范围通常是工程结构抗震设计所注重的周期范围。

这里使用的地震动为 Chi－Chi 地震主震中的地震动记录，记录来源于 Lee 等[97] 校正处理并公开发行的地震动记录光盘。在记录考虑按距离进行分类时，采用了断层距，断层距指记录台站到断层面的最短距离。选取的记录未包括断层距超过 120 km 的台站记录，也未包括冲击层平原和盆地(台站 CHY、TCU、ILA、TAP) 上具有明显面波或盆地效应的地震动记录。最终对包括按照 1997 版美国 NEHRP 的分类方法的 3 种场地类别 SB、SC 和 SD 的台站上的 586 个水平分量记录进行了统计计算，这些记录的反应谱一般都具有明确的加速度谱卓越周期。

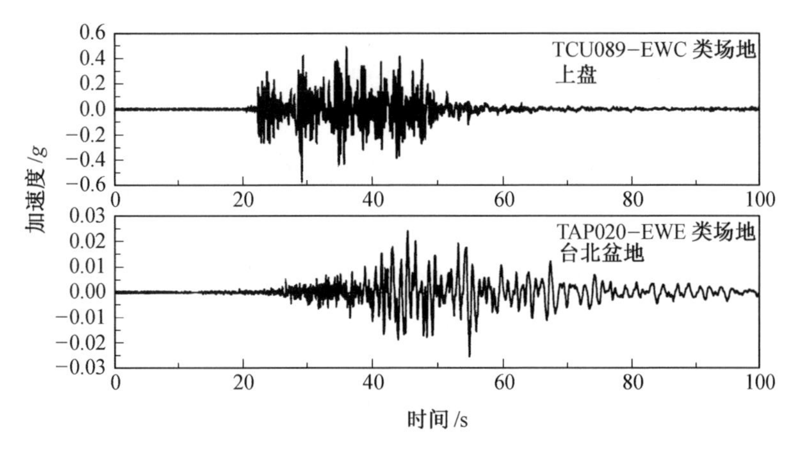

图5.1 两条地震动加速度时程

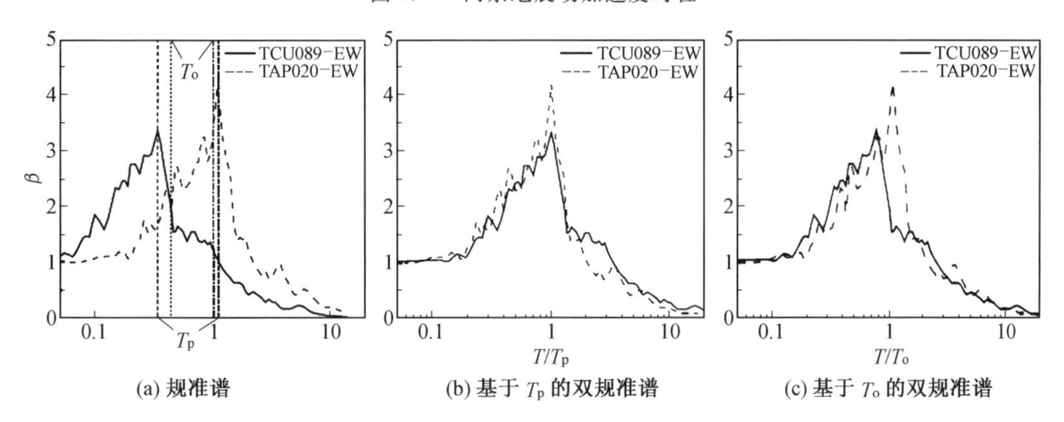

(a) 规准谱 (b) 基于 T_p 的双规准谱 (c) 基于 T_o 的双规准谱

图5.2 加速度规准反应谱和双规准反应谱

表5.1 分类记录的台站数量

场地条件	断层距范围 /km			数量
	近断层 ($0 < FD \leqslant 40$)	中断层 ($40 < FD \leqslant 80$)	远断层 ($80 < FD \leqslant 120$)	
SB	2	21	23	46
SC	22	24	9	55
SD	57	82	53	192
合计	81	127	85	293

所选取的地震动按场地条件分为3类，考虑断层距的影响，再将每类场地的地震动划分为3组。表5.1列出了地震动的划分和每组记录的数量。可以注意到土层场地(SD)的记录数量远大于岩石场地(SB)和硬土与砂土场地(SC)的记录数量，记录沿距离区间的分布不够均匀。其中SB类场地有46个台站，占全部台站的15.7%；SC类场地55个台站，占全部台站的18.8%；SD类场地192个台站，占全部台站的65.5%；断层距小于40 km的SB类场地有2个台站。台站随场地条件和断层距的分布情况如图5.4所示，需说明的是

对于近断层的如图 5.3 所示。界定目前研究中尚没有统一的定论，所以本书中对于近断层的划分并未完全一致。分类记录的台站分布如图 5.3 所示。

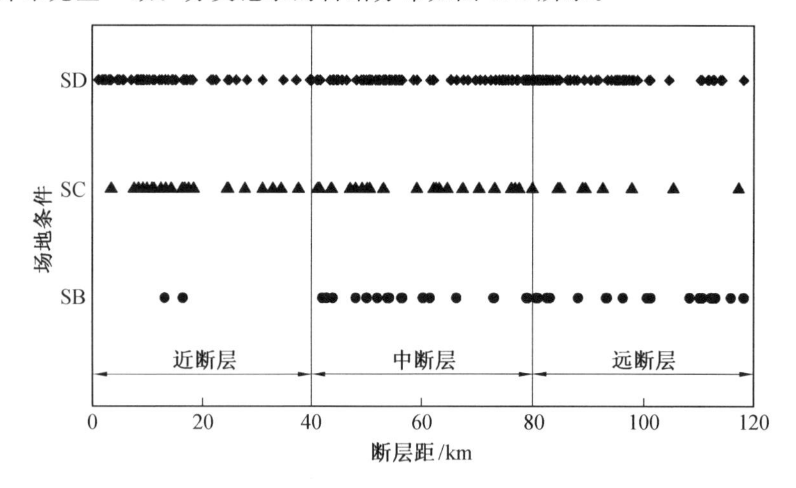

图 5.3　分类记录的台站分布

5.3　地震动反应谱影响因素

5.3.1　对反应谱的影响

距离是影响地震动反应谱特性的一个重要因素。一般来讲，伴随距离的增加地震动反应谱的谱值逐渐减小，中长周期段规准反应谱的谱值会有所增大。如 Mohraz[98] 通过对 1989 年 Loma Prieta 地震动的统计分析发现近断层地震动的规准谱谱值大于中、远场地的规准谱谱值。因此，有必要对距离影响下的规准反应谱和两种双规准反应谱的特性进行讨论。本章计算了不同场地上、不同距离地震动的平均规准谱和平均双规准谱。图 5.4(a) ~ (c) 分别给出了 3 类场地上不同断层距范围地震动的平均规准谱和平均双规准谱，图 5.5 和 5.6 分别给出了仅考虑断层距和场地条件影响的平均规准谱和平均双规准谱。可以看出：

① 断层距对传统规准反应谱的影响是明显的。近断层地震动的规准谱在短周期段高于远场地的规准谱，在中长周期段低于远场地规准谱；但当谱周期大于 3 s 时，这种趋势发生改变，近断层长周期段的谱值出现大于其他距离范围规准谱值的情况。

② 图 5.6 中，场地条件对规准谱的影响也是明显的。软土场地的规准谱值在短周期段小于硬土(岩石) 场地的谱值，但中长周期段的谱值大于硬土(岩石) 场地的谱值。

③ 断层距对基于 T_p 的双规准谱的影响结果与对规准谱的影响显然不同。只有当横坐标大于 $T/T_p = 3$ 时，近断层双规准谱稍高于其他距离的谱值，从整个周期范围看，中远场双规准谱之间的差异可以忽略不计。

④ 距离和场地对基于 T_c 的双规准谱的影响类似于对传统规准谱的影响特征，但影

响程度明显小于对规准谱的影响。总体来看,断层距和场地条件对两类双规准谱的影响相对要小得多,也即不同场地和距离的双规准谱都表现出较好的统一性。

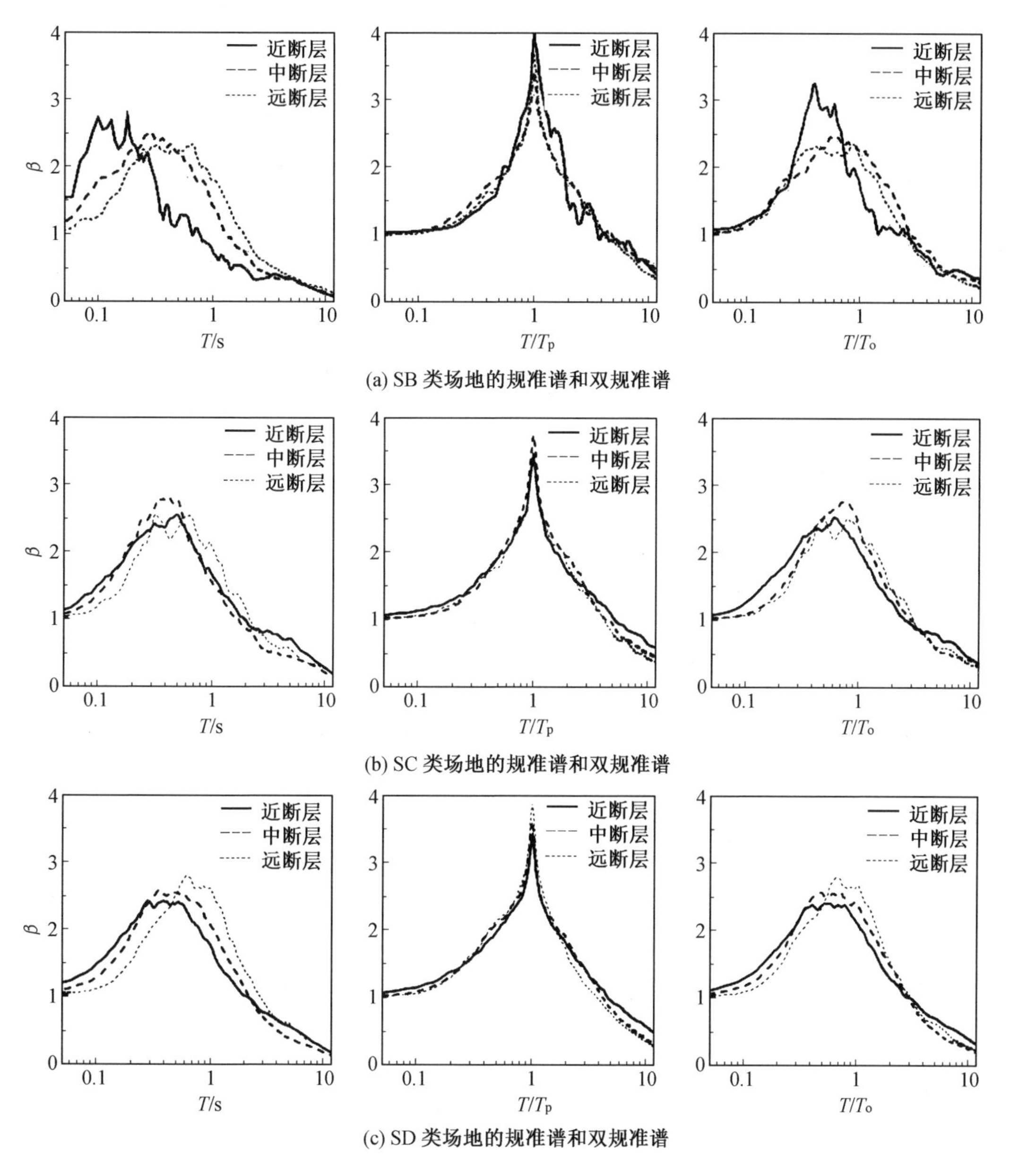

(a) SB类场地的规准谱和双规准谱

(b) SC类场地的规准谱和双规准谱

(c) SD类场地的规准谱和双规准谱

图5.4 断层距对不同场地平均规准谱和两种双规准谱的影响

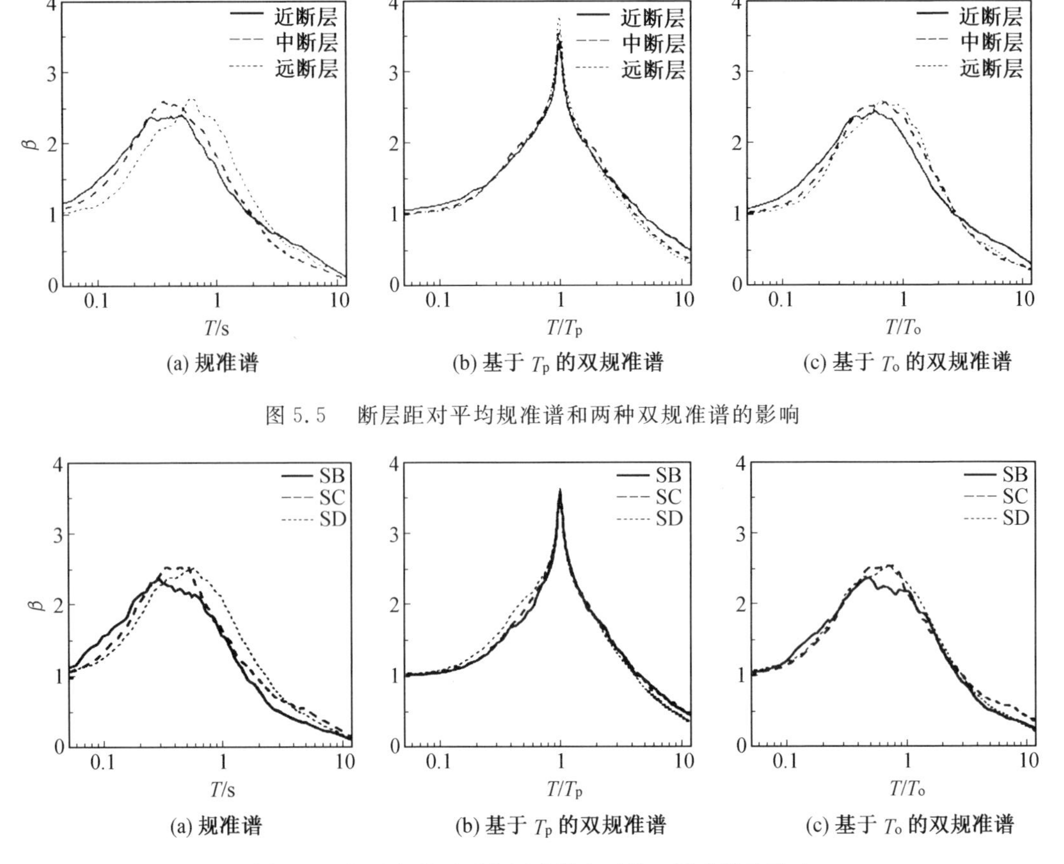

图 5.5　断层距对平均规准谱和两种双规准谱的影响

图 5.6　场地条件对平均规准谱和两种双规准谱的影响

5.3.2　对谱峰值的影响

断层距和场地条件对平均规准谱和平均双规准谱的峰值(β_{max})也产生明显的影响。表 5.2 给出了平均谱峰值的比较。总体来看,随断层距的增大,平均谱峰值呈现逐渐增大的趋势,例如:近断层、中、远断层的平均规准谱的峰值分别为 2.397、2.583 和 2.628,SD 类场地上也可看到类似的特征,但 SB 类场地上的情况相反。表 5.2 中由于反应谱的定义不同,将分类后的地震动反应谱进行平均时,只有基于 T_p 的双规准谱的峰值都在横坐标 1 处,因此基于 T_p 的双规准谱的峰值显著高于其他两类反应谱。不同类别反应谱峰值的差异特征应当在设计谱的建立过程中予以充分考虑。

表 5.2　平均谱峰值(β_{max})的比较

场地	反应谱	断层距范围			同一场地
		近断层	中断层	远断层	
SB	NRS	2.746	2.508	2.337	2.375
	BNRS－T_p	3.987	3.433	3.697	3.589
	BNRS－T_o	3.265	2.465	2.355	2.367
SC	NRS	2.534	2.774	2.547	2.576
	BNRS－T_p	3.431	3.747	3.362	3.553
	BNRS－T_o	2.533	2.781	2.555	2.556
SD	NRS	2.407	2.577	2.786	2.525
	BNRS－T_p	3.391	3.608	3.871	3.623
	BNRS－T_o	2.402	2.573	2.800	2.529
全部	NRS	2.397	2.583	2.628	—
	BNRS－T_p	3.417	3.606	3.770	—
	BNRS－T_o	2.447	2.574	2.584	—

5.3.3　反应谱统计离散性

规准反应谱和双规准反应谱的离散性同它们的平均谱特性一样重要，反应谱的离散程度可以通过标准差和变异系数来反映。为便于比较，对全部 586 条地震动记录的规准反应谱和双规准反应谱分别进行了平均。图 5.7 分别给出了全部记录 3 种谱的平均和平均＋1 倍标准差曲线。忽略 3 种反应谱横坐标量纲的区别，图 5.8 分别给出了 3 种谱平均、标准差和变异系数的比较。从图 5.8(a) 中可以看出规准反应谱和基于 T_o 的双规准反应谱的曲线形状相类似，区别在于双规准反应谱的横坐标被 T_o 规准化后明显向长周期段平移。而基于 T_p 的双规准反应谱位于最右侧，所具有的尖锐峰值明显与另外两种反应谱形状不同。

图 5.8(b) 给出了它们的标准差曲线，可以看出标准差曲线随横坐标的变化趋势与平均谱相类似，在中、短周期(或相对周期) 的范围呈上升趋势，在长周期段下降。注意到基于 T_p 的双规准谱的标准差的高度小于规准谱和基于 T_o 的双规准谱标准差曲线高度，表明基于 T_p 的双规准谱在反应谱的高频段和峰值段区域的离散性明显降低。

3 种谱变异系数的比较示于图 5.8(c)，变异系数随横坐标值的增大呈明显增加的趋势，也说明 3 种谱在长周期段的离散性都较大，但传统规准谱在全周期段范围的变异系数值是最大的，基于 T_p 的双规准谱最低，总之，若不考虑横坐标量纲的差别，无论是基于 T_p 还是基于 T_o 的双规准谱都可以有效减小中、短周期段的离散程度。

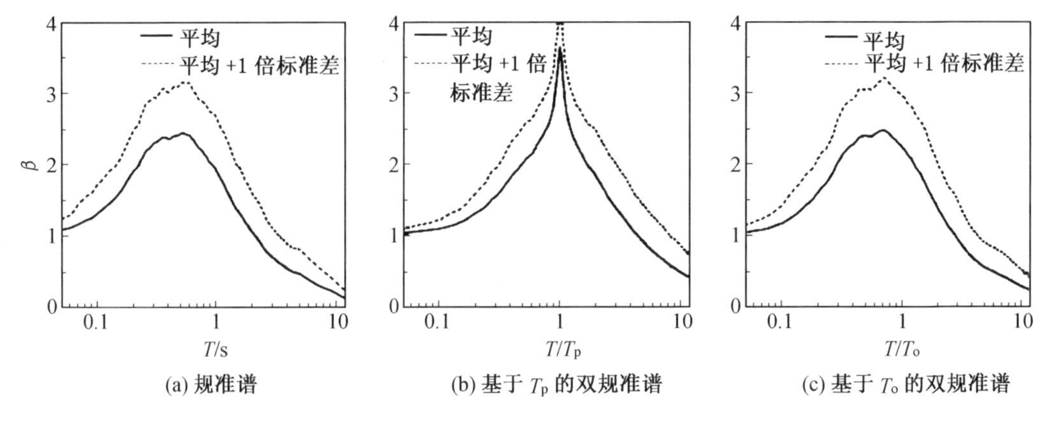

(a) 规准谱　(b) 基于 T_p 的双规准谱　(c) 基于 T_o 的双规准谱

图 5.7　全部记录 3 种谱的平均和平均 + 1 倍标准差曲线

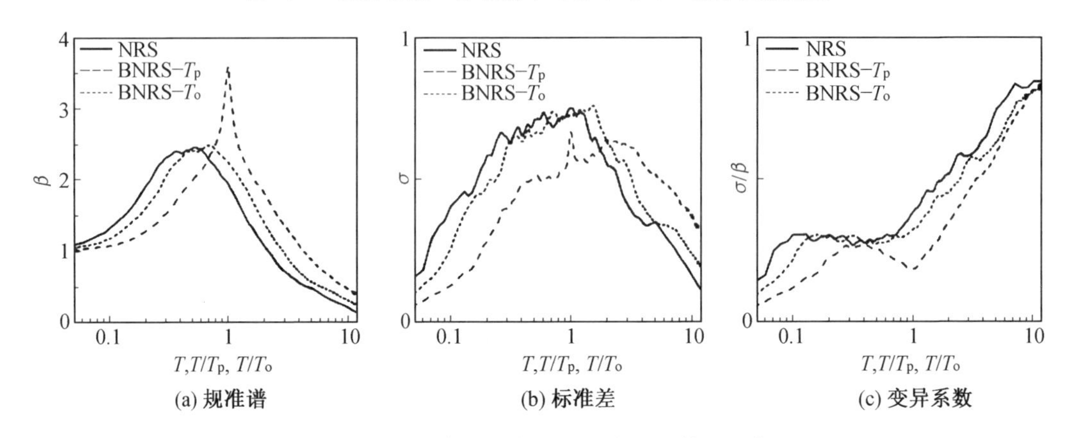

(a) 规准谱　(b) 标准差　(c) 变异系数

图 5.8　3 种谱平均、标准差和变异系数的比较

5.4　双规准反应谱的标定周期

本节将就两种标定周期(或规准周期 T_p 和 T_o) 的分布特征及其随场地条件和距离的变化关系进行讨论,并将结果与现有经验关系式进行对比和分析。在标定周期的计算中,每一个台站的两条水平向地震动的组合作为一个样本,对两种规准周期 T_p 和 T_o,相应台站的值按两条水平分量周期值的算术平均值 $0.5(T_1 + T_2)$ 计算,这样可以减小统计结果的离散性。图 5.9 给出了不同场地上标定周期(T_p、T_o) 的分布。总体来看,T_p 的值小于 T_o,与 Rathje 等[99-100] 的结果是类似的。还可以从图 5.9(b) 和(c) 中发现,近断层 20 km 以内的周期分布与较远处周期的分布并非是线性的,受近断层资料数量的限制,这一点在图 5.9(a) 中并不明显。为避开近断层作用的影响,先对断层距 $R > 20$ km 的周期点进行回归分析。拟合公式为

$$\ln(T) = a + b \cdot R \tag{5.5}$$

式中　T——T_p 或 T_o,s;

R—— 断层距;

a,b—— 拟合系数。

规准周期 T_p 和 T_o 拟合系数见表 5.3，同时给出的还有拟合系数误差和拟合结果标准差。系数 a 的结果明显反映出场地条件影响下标定周期的差别，而系数 b 反映出距离对标定周期的影响情况。可以看出，不同场地上拟合结果的标准差和拟合系数是有区别的。反映出岩石场地（SB）的离散性明显差于土层场地（SC、SD），主要原因一方面是土层场地的记录数量较多，另一方面对岩石场地的定义范围也较大。另外，T_o 的拟合标准差和误差都小于 T_p 相应的拟合结果，也表明 T_o 比 T_p 具有较好的可估性。

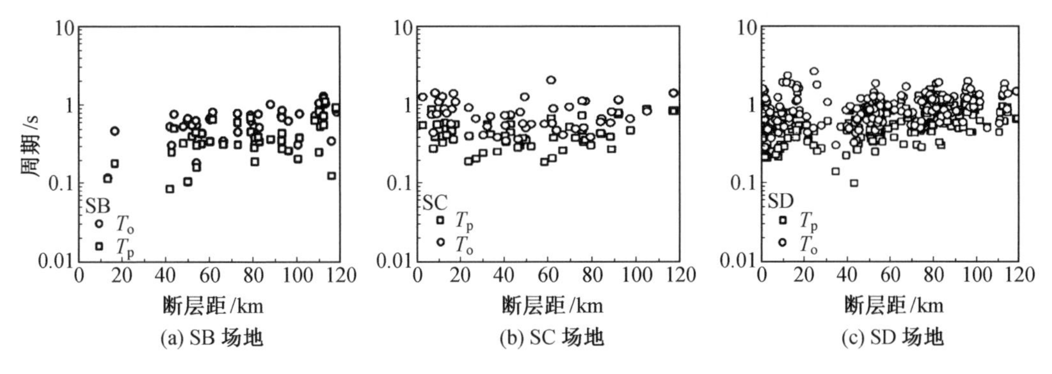

图 5.9　不同场地上标定周期（T_p、T_o）的分布

表 5.3　拟合参数及其标准差

参数	SB		SC		SD	
	T_p	T_o	T_p	T_o	T_p	T_o
a	−1.918 2 (0.253 3)	−1.129 9 (0.178 2)	−1.498 1 (0.129 5)	−0.768 4 (0.144 2)	−1.134 0 (0.093 4)	−0.527 9 (0.082 5)
b	0.011 2 (0.003 0)	0.007 9 (0.002 1)	0.009 8 (0.001 8)	0.006 7 (0.002 0)	0.008 5 (0.001 2)	0.006 2 (0.001 1)
标准差	0.521 7	0.366 9	0.346 4	0.385 8	0.400 4	0.353 5

图 5.10(a) 所示为 Chi－Chi 地震动频谱周期 T_p 和 T_o 的拟合结果比较。这些对数坐标下的拟合直线大致相互平行。同一场地上 T_p 低于 T_o。对同一规准周期，场地土越软，周期值越大，SB 场地的 T_o 与 SD 场地上 T_p 的值相互接近。当然这样的结果仅限于 Chi－Chi 地震动而言，与以往对地震动研究的结果是不同的，本研究与以往结果的对比如图 5.10(b) 所示。很明显，本研究给出结果的直线斜率大于以前的结果，表明距离对 Chi－Chi 地震动频谱周期 T_p 和 T_o 的影响较显著。以往研究中，SB 类场地上两种周期的差别是明显小于本研究两者之间差别的。Rathje 等[99-100] 研究中的 T_o 小于本研究的结果，长周期段更为明显，主要原因是本次地震的震级较大，当然在长周期段包含更多的长周期分量。但出乎预料，本研究中岩石场地上近、中断层区域的 T_p 值明显小于以往的研究结果。考虑到近断层效应和上盘效应对标定周期的影响，对两种标定周期又进行了分段拟合，由于 SB 类场地近断层范围内的台站数很少，该距离段仅简单考虑为周期不随距离发生变化。分段拟合公式仍然采用式(5.5)，拟合结果和拟合参数取值及标准差分别如图

5.11 和表 5.4 所示，图 5.12 给出了不同场地上标定周期拟合结果的分布。总体来看，对 T_o 拟合的标准差小于对 T_p 拟合的标准差，表明 T_o 周期点的离散性较小。

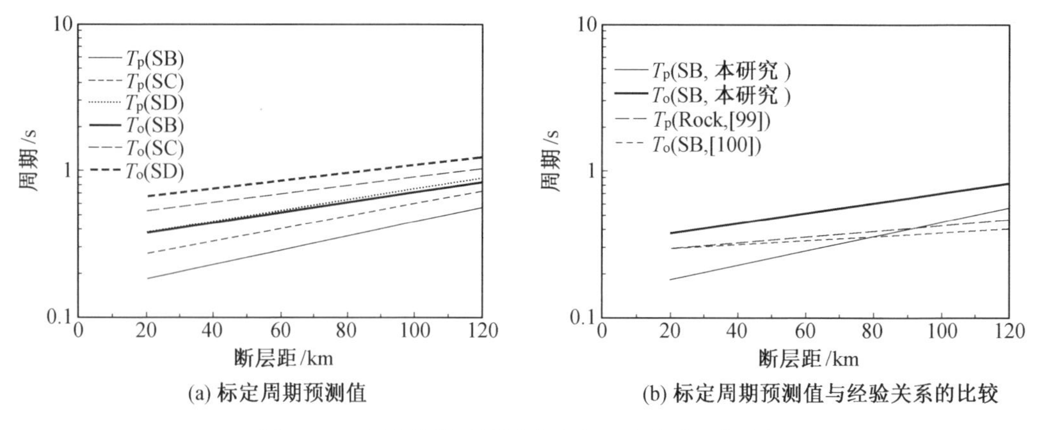

(a) 标定周期预测值　(b) 标定周期预测值与经验关系的比较

图 5.10　标定周期的预测值及与经验关系式的比较

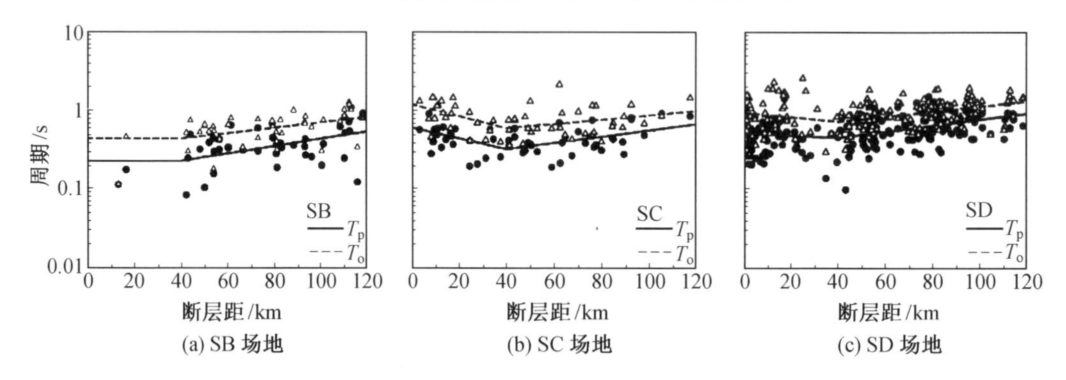

(a) SB 场地　(b) SC 场地　(c) SD 场地

图 5.11　不同场地上标定周期的分布与拟合结果

T_p 和 T_o 的衰减关系表明两者都可以在不同程度上反映地震动卓越周期的特征，但 T_o 比 T_p 的离散程度小，因此具有较好的可估计性。研究两者间的关系可以在知道其一的情况下估计另一周期值。图 5.13(a) 给出了周期比率 T_p/T_o 随场地和断层距的分布。发现近断层的周期比率值与远距离比率的变化趋势基本相同，在对数坐标系下大致呈线性分布。图 5.13(b) 所示为三类场地上 T_p/T_o 随断层距变化的拟合关系式，研究表明不同场地上的拟合结果基本吻合，均随断层距的增大而缓慢增加。因此，可以认为 T_p/T_o 与场地条件基本无关，受距离的影响也较小。不考虑场地条件的影响，图 5.13(c) 给出了全部记录的 T_p/T_o 随断层距变化的拟合结果(图中粗实线所示)。另外，各断层距区间上离散点的平均值及其加减 1 倍标准差也示于图 5.13(c) 中。可以看出 T_p/T_o 的近、中、远断层距离的值分别为 0.6、0.65 和 0.70，说明随断层距的增大，T_p 与 T_o 之间的差别呈缓慢减小的趋势。

表 5.4　拟合参数及其标准差

场地	周期	0 ～ 40 km			40 ～ 120 km		
		a	b	标准差	a	b	标准差
SB	T_p	0.232 2 —	0 —	—	−1.889 2 (0.276 8)	0.010 8 (0.003 3)	0.52
	T_o	0.444 4 —	0 —	—	−1.124 1 (0.194 9)	0.007 8 (0.002 3)	0.37
SC	T_p	−0.478 0 (0.069 6)	−0.015 7 (0.134 9)	0.26	−1.469 0 (0.212 9)	0.009 1 (0.003 0)	0.40
	T_o	0.198 9 (0.003 4)	−0.017 4 (0.006 7)	0.30	−0.751 4 (0.250 4)	0.006 4 (0.003 5)	0.34
SD	T_p	−0.645 0 (0.056 5)	−0.003 4 (0.112 0)	0.37	−1.132 8 (0.124 3)	0.008 8 (0.001 7)	0.39
	T_o	−0.051 3 (0.003 3)	−0.006 6 (0.006 5)	0.32	−0.608 7 (0.102 4)	0.007 4 (0.001 4)	0.32

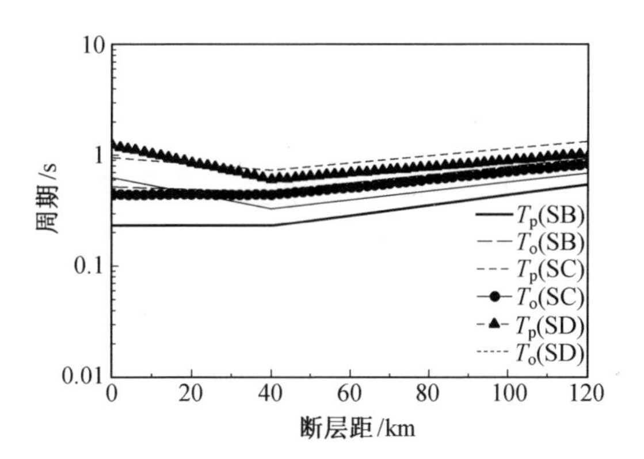

图 5.12　不同场地上标定周期拟合结果的分布

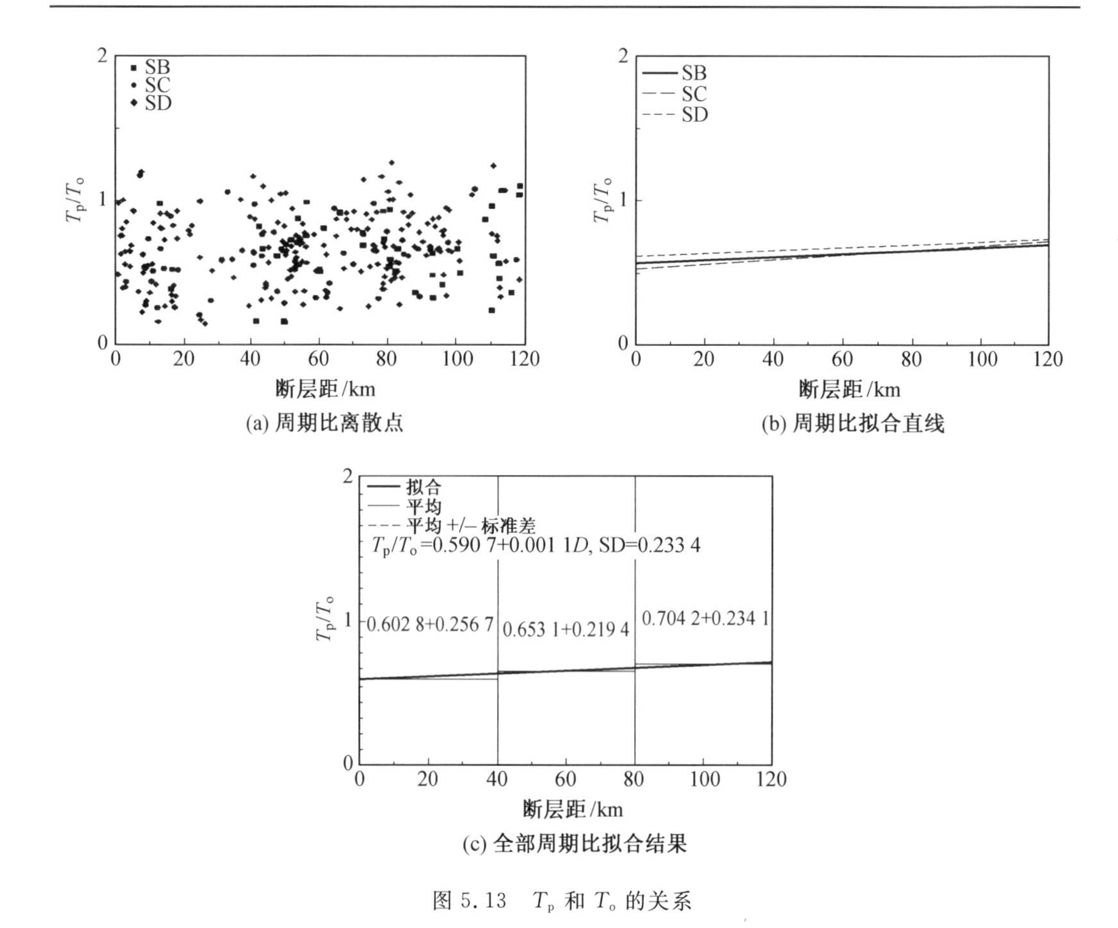

图 5.13　T_p 和 T_o 的关系

5.5　双规准速度反应谱及其标定周期

5.5.1　双规准速度反应谱定义

双规准速度反应谱(Bi-Normalized Velocity Response Spectrum,BNVRS)是在规准化速度反应谱的基础上,再将横坐标无量纲化,即用横坐标的坐标周期值除以规准速度谱的标定周期[96]。本节将分别采用 3 种标定周期(傅里叶幅值谱平均周期 T_m、速度反应谱平均周期 T_o 和速度反应谱卓越周期 T_{pv})对速度反应谱进行双规准化处理,再讨论双规准速度谱和标定周期的特征。

平均周期 T_m 是根据地震动傅里叶幅值幅值谱计算得到的,计算方法为

$$T_m = \frac{\sum_i C_i^2 (1/f_i)}{\sum_i C_i^2} \quad (0.25\ \text{Hz} \leqslant f_i \leqslant 20\ \text{Hz}) \tag{5.6}$$

式中　f_i—— 傅里叶幅值谱离散频率;

C_i——f_i 对应的傅里叶幅值谱的幅值。

由于 T_m 的计算值与计算频率范围有关，这里限定频率计算范围为 0.25 ～ 20 Hz，相应于计算周期范围为 0.05 ～ 4 s，基本可以满足绝大多数工程的设计需要。T_m 是对地震动一定频段范围内频谱特征的表征，它的计算范围包括了长周期，因此反映了地震动长周期分量对它的贡献。考虑到速度反应谱主要表现地震动中长周期范围的特性，因此选用 T_m 作为双规准速度反应谱的一种规准周期。

平均周期 T_o 是根据 0.05 阻尼比规准速度反应谱计算得到的，计算方法为

$$T_o = \frac{\sum_i T_i \cdot \beta_v(T_i)}{\sum_i \beta_v(T_i)} \quad (0.05\ \text{s} \leqslant T_i \leqslant 4\ \text{s}) \tag{5.7}$$

式中　T_i——0.05 阻尼比速度反应谱等间距离散周期；

$\beta_v(T_i)$——T_i 对应的规准速度反应谱谱值。

T_o 的计算值与计算频率范围有关，计算了 0.05 ～ 4 s 的周期范围。

卓越周期 T_{pv} 定义为 0.05 阻尼比的速度反应谱峰值对应的周期值。由于地震动速度反应谱反映了地震动的中、长周期段的特性，因此卓越周期 T_{pv} 也反映了地震动中、长周期段的频谱特性。

5.5.2　双规准速度反应谱的特征

本节选取台湾 Chi-Chi 地震中的 625 个水平分量地震记录作为数据基础，所选取的记录按照 1997 美国 NEHRP 提供的分类方法将其分成 4 种场地类别：SB、SC、SD 和 SE，Chi-Chi 地震动记录场地分类见表 5.5。

表 5.5　Chi-Chi 地震动记录场地分类

场地类别	剪切波速 /($\mathrm{m \cdot s^{-1}}$)	记录数量
SB	$1\,500 \geqslant V_s > 760$	85
SC	$760 \geqslant V_s > 360$	83
SD	$360 \geqslant V_s \geqslant 180$	293
SE	$180 > V_s$	164

采用 T_m 作为规准周期对地震动速度反应谱进行双规准化处理，得到 4 类场地上基于 T_m 的平均双规准速度反应谱的平均谱和变异系数曲线，如图 5.14 所示。计算速度反应谱时阻尼比 ξ 均取 0.05，双规准速度反应谱的横坐标范围取 0 ～ 10，计算平均值和变异系数时在 0 ～ 10 之间等间隔取 200 个点。

从图 5.14(a) 中可以看出，在横坐标小于 1 时，4 类场地上基于 T_m 的双规准速度反应谱的平均值比较接近，谱值均随横坐标的增大而增大。横坐标大于 1 的范围，4 类场地上的平均曲线差别明显，随场地土的变软，双规准速度谱的谱值逐渐增大，*SE* 类场地的谱值增大最为显著。但不同场地上的谱曲线随横坐标值的增大都变化不大，基本上趋于平直状态。

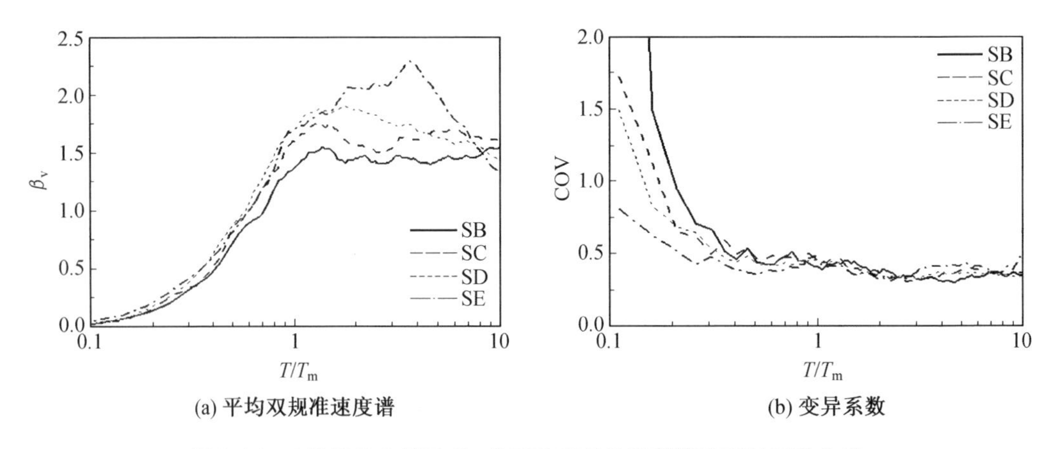

(a) 平均双规准速度谱　　　　(b) 变异系数

图 5.14　4 类场地上基于 T_m 的平均双规准速度谱和变异系数曲线

4 类场地上基于 T_m 的双规准速度反应谱的变异系数曲线如图 5.14(b) 所示。可以看出，4 类场地上双规准速度反应谱的变异系数曲线比较接近；在横坐标 0 ～ 0.5 的相对周期段，4 类场地上的变异系数值都比较大，随着横坐标的增大，变异系数很快迅速减小，在相对周期 $T/T_m = 0.5$ 时，四类场地上的变异系数都达到 0.4 左右，之后的较长相对周期段随着横坐标的增大变化不大，维持在 0.3 ～ 0.5 之间，曲线呈平直状态。

4 类场地上由 T_m 得到的平均双规准速度反应谱最大谱值及其对应的横坐标见表 5.6。可以看出，4 类场地上的平均双规准速度反应谱峰值相差较大，随着场地土的变软，平均双规准速度反应谱最大谱值逐渐增大，出现最大值的横坐标值也越来越大。

表 5.6　双规准速度反应谱的最大谱值及其对应横坐标

场地类型	SB	SC	SD	SE
最大谱值	1.55	1.76	1.91	2.29
T/T_m	1.35	1.25	1.75	3.75

采用 T_o 作为规准周期对速度反应谱进行双规准化处理，计算得到的 4 类场地上基于 T_o 的平均双规准速度反应谱和变异系数曲线如图 5.15 所示。从图 5.15(a) 中可以看出，4 类场地上，基于 T_o 的平均双规准速度反应谱在 $T/T_o < 2$ 的阶段相对比较接近，它们随横坐标值增大而增大，但 SE 类场地的谱值小于其他类场地谱。当 $T/T_o > 2$ 时，不同场地谱之间差别较大，SB 类场地和 SC 类场地得到的平均谱曲线比较接近，大于 2 时呈减小并逐渐趋于稳定的平直线状态；SD 类场地的平均谱在横坐标 1 ～ 6 范围内的谱值明显偏大，并且由上升逐渐过渡到下降的趋势，当 $T/T_o > 6$ 时，SB、SC 两类场地的平均谱逐渐靠近。SE 类场地的平均曲线在整个周期范围基本都是上升趋势，相对长周期段的谱曲线显著高于其他场地谱。

基于 T_o 的双规准速度谱在 4 类场地上的变异系数曲线如图 5.15(b) 所示。可以看出，不同场地的双规准速度谱变异系数曲线随横坐标的增大均逐渐减小并最终趋于稳定。变异系数值在相对短周期段($T/T_o < 0.5$) 随场地土的变软不断减小，但 $T/T_o > 1$ 时的值差别不大，在相对长周期段的值逐渐趋于 0.3 高度的平直线。

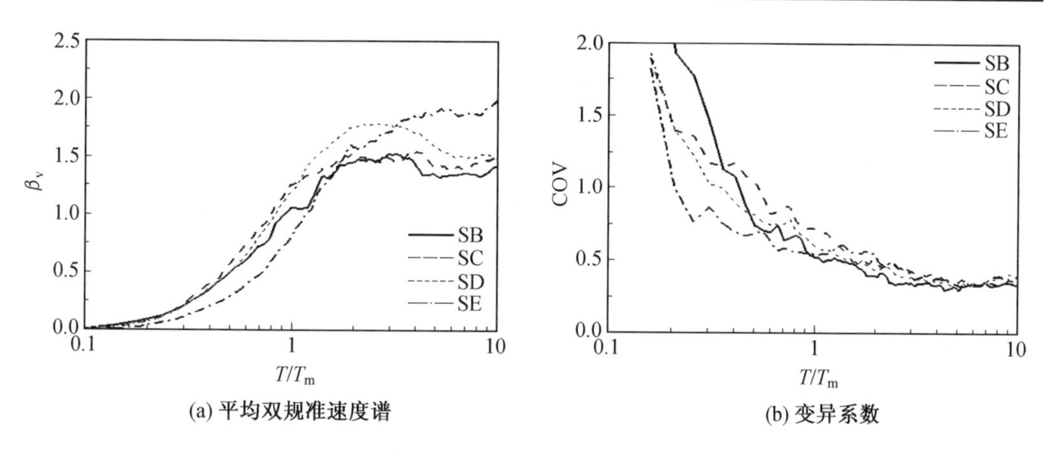

(a) 平均双规准速度谱　　(b) 变异系数

图 5.15　4 类场地上基于 T_o 的平均双规准速度反应谱和变异系数曲线

4 类场地上基于 T_o 的双规准速度反应谱平均曲线的最大谱值及其对应的横坐标位置见表 5.7。它们平均曲线的最大值随着场地的变软有不断增大的趋势，最大值出现位置并无规律，SE 类场地的最大值出现在相对长周期段。

表 5.7　双规准速度反应谱平均曲线的最大谱值及其对应横坐标

场地类型	SB	SC	SD	SE
最大谱值	1.53	1.55	1.78	2.00
T/T_o	3.21	3.71	2.46	10.01

4 类场地上基于 T_{pv} 的平均双规准速度反应谱和变异系数曲线如图 5.16 所示。从平均曲线图 5.16(a) 中可以看出，4 类场地上的双规准速度反应谱的谱形变化趋势基本一致，在 $T/T_{pv}<1$ 的相对周期段，平均谱曲线呈上升趋势，在 $T/T_{pv}>1$ 时，平均谱曲线先呈下降趋势，后逐渐趋于平直状态。4 类场地上的平均双规准速度反应谱最大值都出现在横坐标为 1 处。在横坐标 0.2～3 的范围内，场地土越软，平均谱的谱值也越大，其他相对周期范围的谱值差别不明显。

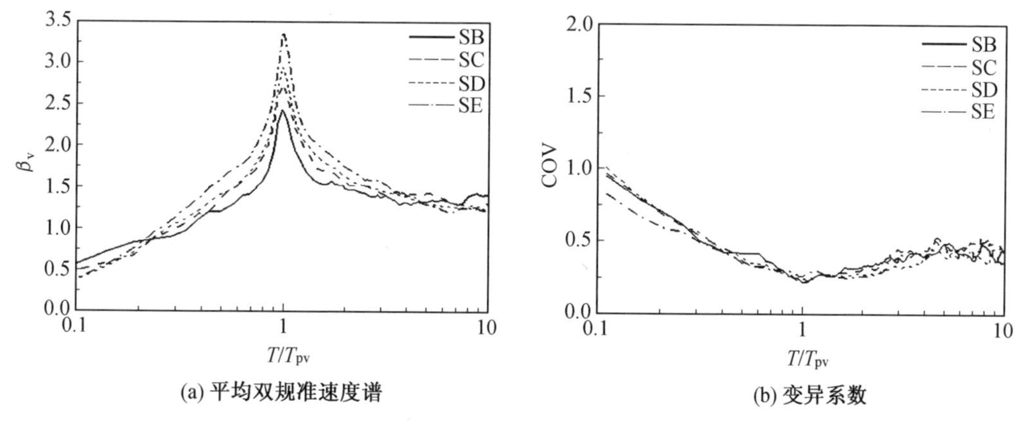

(a) 平均双规准速度谱　　(b) 变异系数

图 5.16　4 类场地上基于 T_{pv} 的平均双规准速度反应谱和变异系数曲线

基于 T_{pv} 的双规准速度反应谱在 4 类场地上的变异系数曲线如图 5.17(b) 所示。从图中可以发现4类场地的变异系数曲线很接近，在横坐标小于1的阶段，变异系数曲线呈下降趋势，即随着相对周期的增大而减小，变异系数值从1减小到0.2左右。在横坐标范围为1～3范围内，曲线呈缓慢上升趋势，变异系数值随着横坐标的增大从0.2左右逐渐增大到0.4左右。更长的周期范围，4类场地上的变异系数基本不再随横坐标发生变化，大约维持在0.3～0.5之间。

4类场地上的双规准速度反应谱平均曲线最大谱值及其对应横坐标见表5.8。可以看出，随着场地土变软，平均双规准速度反应谱最大谱值呈增大的趋势。

表5.8　双规准速度反应谱平均曲线的最大谱值及其对应横坐标

场地类型	SB类场地	SC类场地	SD类场地	SE类场地
最大谱值	2.43	2.74	2.95	3.38
T/T_{pv}	1	1	1	1

5.5.3　标定周期特征

为了对标定周期及不同的双规准速度谱特征进一步分析，表5.9给出了不同场地上标定周期的平均值。可以看出，不同场地上的3种周期以速度谱卓越周期 T_{pv} 的值为最大，而反应谱平均周期 T_o 的值最小。3种周期基本上都随场地土的变软而增大，速度谱卓越周期随场地的变化不是很规律，出现了SD场地上 T_{pv} 的值小于SC场地周期值的情况，可能与该周期的离散性较大有关，因为它仅代表反应谱上的一个点，而其他两种周期是对一定周期范围内频谱特性的表征。

表5.9　不同场地上标定周期的平均值

场地分类	T_m /s	T_o/s	T_{pv}/s
SB	0.72	0.51	1.58
SC	0.80	0.52	2.30
SD	0.98	0.61	1.93
SE	1.32	0.61	2.55

为了确定采用哪一种标定周期得到的双规准速度反应谱具有更好的统一性，且离散程度小，对4类场地上的3种平均双规准速度反应谱再分别进行平均，得到3条变异系数曲线，如图5.17所示。

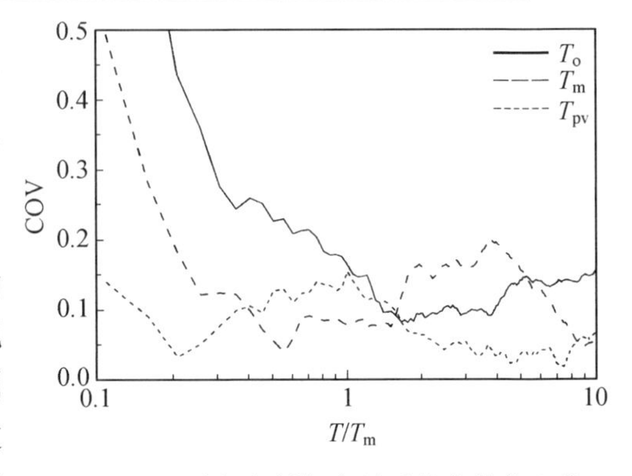

图5.17　3种标定周期变异系数曲线的比较

从图5.17可以看出，当横坐标相对周期约大于1.8时，采用 T_{pv} 作为规准周期得到的双规准速度反应谱的变异系数比采用其他周期得到的双规准速度反应谱的变异系数要小很多。这说明在中长周期阶段，采用 T_{pv} 作为规准周期得到的双规准速度反应谱统一性较好。

5.6　双规准反应谱的应用

5.6.1　反应谱关系转换

研究表明，双规准加速度反应谱和双规准速度反应谱在诸如场地条件、距离、震级等因素的影响下都表现出良好的一致性，但双规准加速度谱和双规准速度谱都有着自身的特点。离散性分析发现，双规准加速度谱在短周期段的离散程度小，平均谱曲线很好地反映了地震动短周期段的频谱特征，而双规准速度谱在中长周期段的离散性良好，客观地揭示了地震动的中长周期段的频谱特性。因此，若可以分别有效地利用并融合双规准加速度和速度谱的短和中长周期段的平均谱曲线特征，就可以更为准确地建立抗震设计谱。以下的分析将从加速度和速度反应谱的近似关系出发，探讨两种双规准谱的结合和应用问题。

根据伪反应谱的特点，阻尼比较小时，速度反应谱和加速度反应谱之间存在以下关系

$$S_a \approx \omega S_v \tag{5.8}$$

双规准速度反应谱的纵坐标为 $\beta_v = S_v/\mathrm{PGV}$，横坐标为 T/T_{pv}，于是双规准速度反应谱可表达为

$$\beta_v = \frac{S_v}{\mathrm{PGV}} = f\left(\frac{T}{T_{pv}}\right) \tag{5.9}$$

双规准加速度反应谱的纵坐标为 $\beta_a = S_a/\mathrm{PGA}$，横坐标为 T/T_{pa}，则双规准加速度反应谱可表达为

$$\beta_a = \frac{S_a}{\mathrm{PGA}} = f\left(\frac{T}{T_{pa}}\right) \tag{5.10}$$

联立式(5.8) 和式(5.10)，得

$$\beta_a = \frac{S_a}{\mathrm{PGA}} = \frac{\omega S_v}{\mathrm{PGA}} = \frac{2\pi S_v}{T \cdot \mathrm{PGA}} = \frac{2\pi\beta_v}{T} \cdot \frac{\mathrm{PGV}}{\mathrm{PGA}} = 2\pi\beta_v \cdot \frac{T_{pv}}{T} \cdot \frac{\mathrm{PGV}}{T_{pv} \cdot \mathrm{PGA}} \tag{5.11}$$

要把双规准速度谱转化为双规准拟加速度谱的形式，需要横坐标和纵坐标的转化，纵坐标由 β_v 转化为 β_a，横坐标由 T/T_{pv} 转化为 T/T_{pa}。纵坐标的转化可将双规准速度反应谱的纵坐标值 β_v 除以横坐标值 T/T_{pv}，再乘以 PGV/PGA 与 T_{pv} 之间的比值。这样纵坐标的转化只需研究地震动速度峰值和加速度峰值之比 PGV/PGA 与速度谱卓越周期 T_{pv} 之间的关系，横坐标的转化则只需研究加速度反应谱卓越周期 T_{pa} 和速度反应谱卓越周期 T_{pv} 之间的关系即可。

5.6.2　参数确定

为了得到地震动加速度和速度反应谱卓越周期间的关系以及地震动幅值比和卓越周期的关系，选取了国内外有代表性的 30 次地震中的 478 条水平分量地震动作为统计分析的基础资料。场地类别参考我国《建筑抗震设计规范》(GB50011－2001) 中的规定[101]，根据土层等效剪切波速和场地覆盖层厚度确定为 4 类。所选取的 478 条水平地震动记录比较均衡地分布在 4 类场地上，其中 Ⅰ 类场地 112 条，占总记录数量的 23.4%，Ⅱ 类场地

133 条，占总记录数量的 27.8%，Ⅲ 类场地 136 条，占总记录数量的 28.5%，Ⅳ 类场地 97 条，占总记录数量的 20.3%。

通过对双规准加速度反应谱和双规准速度反应谱卓越周期 T_{pa} 和 T_{pv} 的计算和统计，发现在 4 类不同的场地上，T_{pa} 值的分布相对比较集中，绝大部分分布在 0.05 ～ 1.5 s 之间。而 T_{pv} 值的分布比较分散，前三类场地 90% 以上都分布在 0 ～ 5 s 之间，Ⅳ 类场地上大都分布在 0 ～ 6 s 之间。为了确定 T_{pv} 和 T_{pa} 之间的定量关系，取前三类场地上 0.5 ～ 5 s 之间的 T_{pv} 值和与其对应的 T_{pa} 值，第 Ⅳ 类场地取 0 ～ 6 s 之间的 T_{pv} 值和与其对应的 T_{pa} 值，并对不同场地上的卓越周期离散点进行了线性拟合，采用简单的拟合公式(5.12)，拟合参数 a，见表 5.10，不同场地上地震动卓越周期间的关系如图 5.18 所示。

$$T_{pv} = a \cdot T_{pa} \tag{5.12}$$

表 5.10 拟合参数值

场地类型	Ⅰ	Ⅱ	Ⅲ	Ⅳ
参数 a 值	2.02	2.31	2.65	2.35

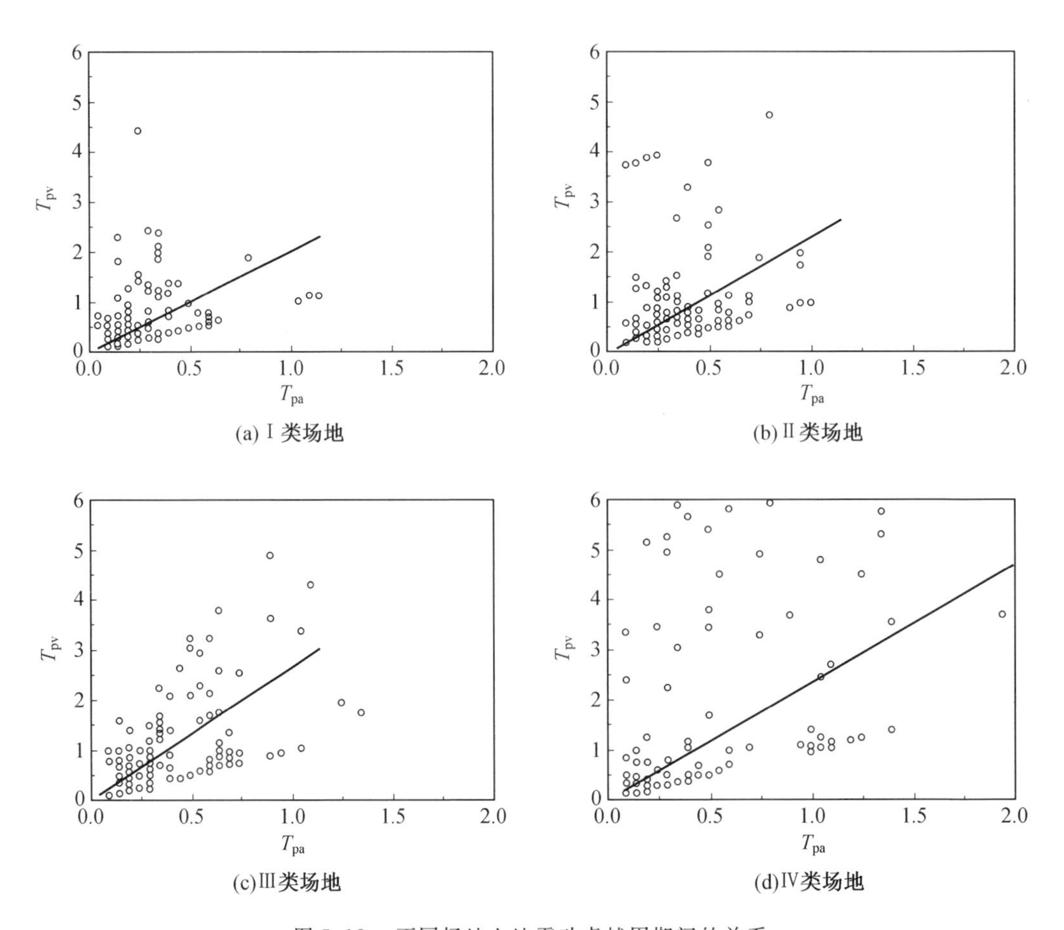

图 5.18 不同场地上地震动卓越周期间的关系

将双规准速度反应谱转化为双规准加速度反应谱，需要研究地震动速度峰值与加速度峰值比 PGA/PGA 和速度卓越周期 T_{pv} 之间的关系。经统计分析，图 5.19 给出了不同场地上 PGV/PGA 与 T_{pv} 的关系，采用式(5.13)对离散点进行线性拟合，拟合参数的取值见表 5.11。

$$T_{pv}=b\cdot\frac{PGV}{PGA} \tag{5.13}$$

表 5.11　拟合参数值

场地类型	Ⅰ	Ⅱ	Ⅲ	Ⅳ
参数 b 值	1.119	1.369	1.265	1.188

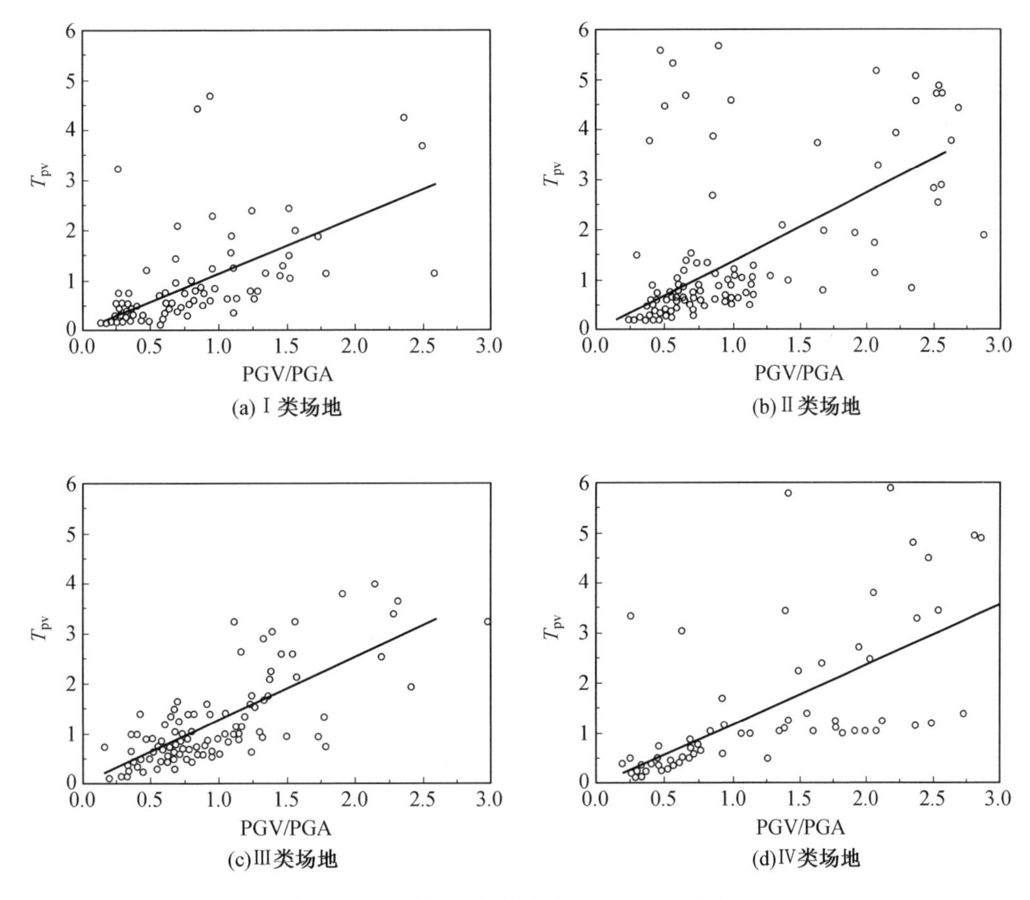

图 5.19　不同场地上 PGV/PGA 与 T_{pv} 的关系

5.6.3　双规准伪加速度谱的确定

根据速度反应谱和加速度反应谱之间的近似关系式(5.8)以及卓越周期和峰值比与卓越周期之间的关系，由双规准速度反应谱可得到 4 类场地上的双规准拟加速度反应谱和拟合曲线，如图 5.20 所示，用 β_{0a} 表示。

由图 5.20 可以看出,4 类场地上由双规准速度反应谱转换得到的双规准伪加速度反应谱在长周期段的差距越来越小,随着横坐标相对周期的增大,不同场地的 4 条谱曲线逐渐变得一致,这也进一步反映了双规准加速度反应谱长周期段的统一性。对 4 类场地上由双规准速度反应谱转化得来的双规准伪加速度反应谱进行平均,得到总的平均曲线,对该平均曲线进行拟合,可得到拟合关系式(5.14),平均双规准伪加速度反应谱和拟合曲线如图 5.21 所示。

$$\beta_{0a} = 3.1768 \cdot (T/T_{pa}) - 0.9222 \tag{5.14}$$

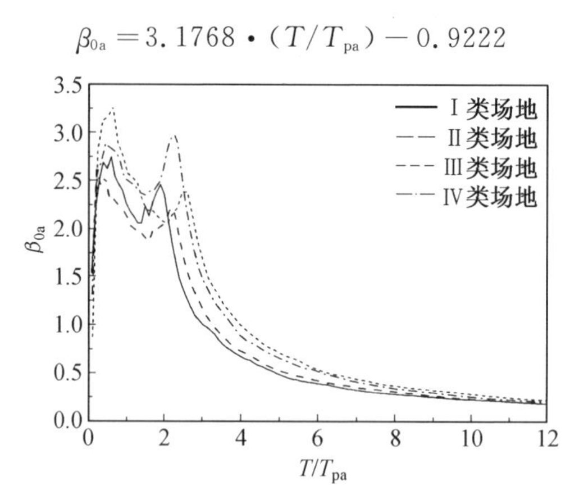

图 5.20 不同场地的双规准伪加速度反应谱

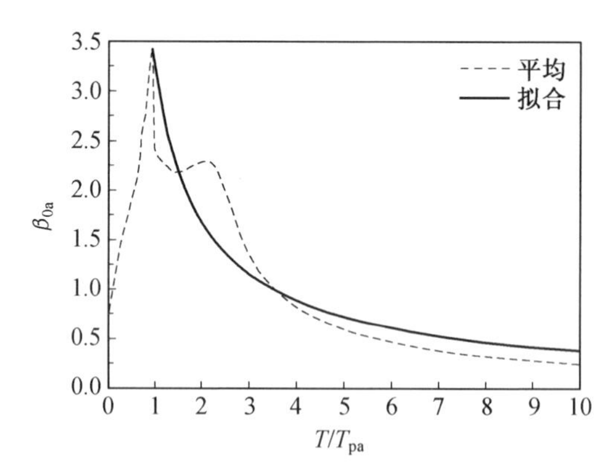

图 5.21 平均双规准伪加速度反应谱和拟合曲线

5.7 双规准抗震设计谱

根据地震动双规准反应谱的特性,双规准加速度反应谱在短周期段具有较好的统一性,双规准速度反应谱在中长周期段具有较好的统一性,因此可以在横坐标 1 之前的相对短周期段取双规准加速度反应谱,在横坐标 1 之后的相对中长周期段取由双规准速度反应谱转化到的双规准伪加速度反应谱,两者结合,得到一条在整个周期段统一性都比较好的双规准谱曲线(图 5.22),对该曲线进行分段拟合可以得到

$$\beta_a=\begin{cases}1.4661-0.5493(T/T_{pa})+2.8571(T/T_{pa})^2 & (0<T/T_{pa}<1)\\ 3.1768(T/T_{pa})-0.9222 & (1\leqslant T/T_{pa}<10)\end{cases}\quad(5.15)$$

工程抗震设计中，要求设计谱的形式表达简单，应用方便。对双规准谱曲线把上升段和下降段分别进行拟合，就可得到一条统一的双规准设计谱，见公式(5.16)。图 5.22 为平均双规准谱与统一谱的比较。

在规范设计谱中通常用平台段表示设计谱的卓越分量，为了与现行规范相衔接，可以用某一高度的直线来截取双规准设计谱的峰值部分，若用 $\beta_{amax}=2.25$ 的平直线去截取统一谱的峰值部分，可得到其与设计谱上升段和下降段相交的两个拐角点 T_1 和 T_2，如图 5.22 所示。T_1 和 T_2 可以通过公式(5.17) 和式(5.18) 计算得到。

$$\beta_a=\begin{cases}1.0+2.5\cdot(T/T_{pa}) & (0<T/T_{pa}\leqslant 1)\\ 3.5\cdot(T/T_{pa})-0.95 & (1\leqslant T/T_{pa}<10)\end{cases}\quad(5.16)$$

由 $\beta_{amax}=1+2.5\cdot(T/T_{pa})=2.25$，得到

$$T_1=(T/T_{pa})=(\beta_{amax}-1)/2.5=0.50\quad(5.17)$$

由 $\beta_{amax}=3.5\cdot(T/T_{pa})-0.95=2.25$，得到

$$T_2=(T/T_{pa})=(\beta_{amax}/3.5)-1.05=1.59\quad(5.18)$$

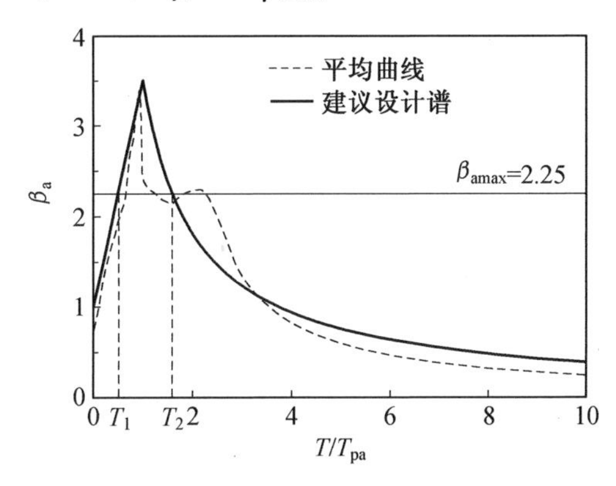

图 5.22　平均双规准谱与统一谱的比较

5.8　小　　结

以 1999 年台湾 Chi—Chi 地震的地震动记录为数据基础，对单自由度体系地震动加速度反应谱的差异性和统一性进行了分析。地震动的差异性是通过考查不同类别地震动的传统规准反应谱特征来反映的，地震动加速度规准反应谱明显受到场地条件和距离的影响。地震动的统一性是通过比较不同类别地震动的双规准反应谱的特征来反映的。

分别用两种周期(T_p、T_o) 去规准化规准反应谱的横坐标，得到了两种双规准反应谱。对于不同的场地条件和距离区间，两种双规准反应谱都比规准反应谱表现出良好的统一性。也注意到，场地条件等因素对反应谱峰值的影响是明显的，随后考虑场地条件和断层距的影响，对两种标定周期进行了分析。

分别采用傅里叶幅值谱平均周期 T_m、速度反应谱平均周期 T_o 和速度反应谱卓越周

期 T_{pv} 对速度反应谱进行双规准化处理，探讨了 3 种地震动双规准速度反应谱的特性，讨论了与双规准加速度谱相结合进而构建设计谱的问题。

对双规准速度谱和双规准加速度谱的转换关系进行了理论分析，得到了地震动加速度谱卓越周期和幅值比分别与速度谱卓越周期之间的统计关系，给出了与抗震规范相接轨的抗震设计谱的评定方法和建议。

第 6 章　地震动非弹性反应谱

6.1 引　　言

在前面的章节中，结构的地震反应均为线弹性，考虑到反应谱主要是针对单自由度体系而言的，所以认为单自由度体系或由多自由度体系所“等效”的单自由度体系的底部剪力一顶点位移的关系呈线弹性。然而，目前世界上主要的抗震设计规范均未采用使结构保持完全线弹性的抗震设计理念，而是允许结构在强震中进入非弹性状态，进而实现安全性和经济性相统一的目标。因此，研究结构在地震作用下的非弹性反应特征十分重要。

地震动的非弹性反应谱是弹性反应谱的拓展，其概念为单自由度非弹性体系的初始周期与其地震反应最大值（也可以是与最大反应相关的其他参数）之间关系的曲线。在若干反映非弹性反应的物理量中，位移反应（即变形）由于较为直观地体现了结构在地震作用下的破坏程度，因而非弹性位移谱被研究者广泛关注并对其开展了大量的研究工作。除涉及结构本身的非弹性反应特征，非弹性反应谱还是研究地震动特征的重要工具之一，弥补了弹性反应谱在表现地震动特征方面的若干不足。

近 20 年来，基于性态的地震工程方法蓬勃发展，被认为是未来工程抗震设计、评估以及加固等的发展方向。对于基于性态的地震工程方法中结构位移反应的计算，可采用非线性动力分析方法，但真正要进行抗震设计和抗震评估，必需找到更为简单实用的方法，非弹性反应谱在此方面发挥着十分重要的作用。

本章主要内容包括对两种常用的非弹性反应谱（等强度位移比谱、等延性位移比谱等）的计算方法及特征介绍、非弹性反应谱的基本应用。

6.2 单自由度非弹性体系地震反应计算

6.2.1 非弹性反应的基本概念

积累到目前，实验室中已经进行了大量的用以确定结构在地震作用下的力一变形关系的试验。这些试验在材料、构件、缩尺模型以及小型的全尺寸模型上都进行过，对试验结果的观察发现力一变形关系与所使用的材料和所使用的结构体系有关，一般情况这些力一变形关系的变化较为复杂。但是，可以使用一些较为简单的解析表达式来近似这些试验结果，这样在数值分析和结构设计中更加方便。通过改变其中的参数，这些解析表达式可以拓展到适用于不同的情况。

对于反应谱的计算而言，所使用的力一变形关系（或称之为恢复力模型）更类似于单层结构的基底剪力—顶点位移之间的关系。图6.1为根据真实试验简化的力—变形关系，是在计算非弹性反应谱中经常使用的一种模型，一般认为能代表大部分结构在地震作用下的变形情况。除双线型力—变形关系外，尚有很多更为复杂的力—变形关系模型，可考虑不同结构在地震作用下的各种力学行为，如考虑强度和刚度衰减、捏缩效应、$P-\Delta$效应等。这些力—变形关系包括骨架曲线部分和滞回规则部分，前者类似于单调加载时力—变形关系经历的路径，后者代表卸载和再加载时力—变形关系经历的路径。

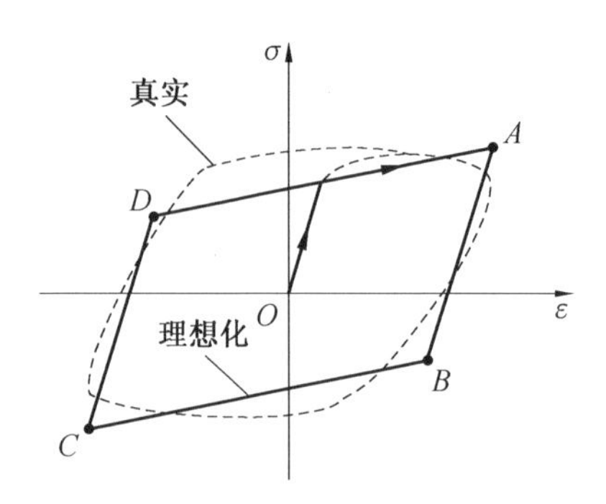

(a) 力-变形关系及其理想化

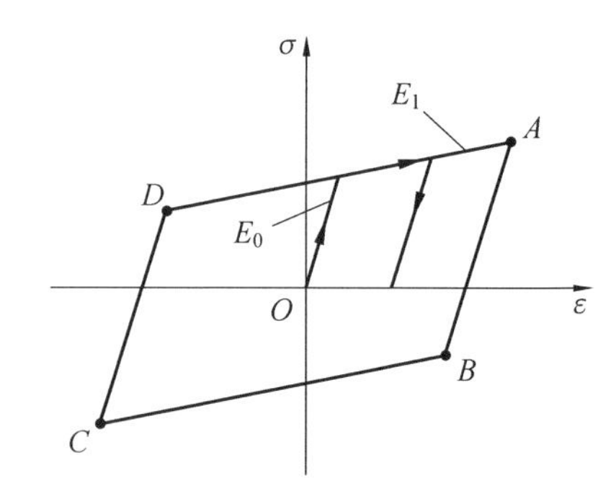

(b) 双线型力-变形关系及其滞回

图6.1　根据真实试验简化的力—变形关系

在非弹性反应谱的计算和应用中，单自由度非弹性体系所对应的线弹性体系（简称为对应的线弹性体系）经常被使用。对应的线弹性体系是指与弹塑性体系具有相同初始刚度的单自由度线弹性体系。图6.2给出了单自由度非弹性体系及其对应的线弹性体系，两者具有相同的质量和阻尼。可以看出，在小振幅振动的情况下（$x \leqslant x_y$），两个体系的反应是一样的。线弹性体系的地震反应计算相对容易，因此在相同的地震动激励下，如果知道了非弹性体系和线弹性体系最大位移反应的比值，那么可以方便地通过结构的最大弹性位移反应计算出其对应的最大非弹性位移反应。根据图6.2可以定义几个与非弹性反应谱相关的参数。

非弹性位移比X_p/X_e，定义为非弹性体系在地震动作用下的最大非弹性位移反应x_{pmax}与其对应的线弹性体系在同一地震动作用下的最大弹性位移反应x_{emax}之比（此处所指的位移均为相对位移），即

$$\frac{X_p}{X_e}=\frac{x_{pmax}}{x_{emax}} \tag{6.1}$$

屈服强度系数C_y，定义为结构在地震动作用下达到给定延性μ_i所需要的屈服强度$F_y(\mu=\mu_i)$与同一地震动作用下结构保持完全弹性所需的最低强度F_e之比，即

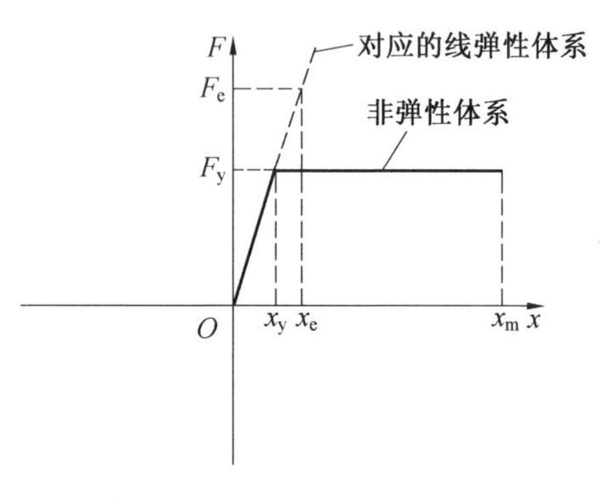

图6.2　单自由度非弹性体系及其对应的线弹性体系

$$C_y=\frac{F_y(\mu=\mu_i)}{F_e(\mu=1)} \tag{6.2}$$

式中　μ——结构的延性，表示结构的最大位移反应与结构的屈服位移之比，即μ

$=x_m/x_y$。

结构的延性在不同的情况有以下两种含义，一种是指延性系数，即在给定的地震动作用下结构的最大位移反应与结构的屈服位移之比，此时 x_m 的含义与 x_{pmax} 相同；另一种是指延性能力，即结构的最大位移反应在达到延性对应的位移限值时，结构承载能力丧失。一般在对已建结构进行评估时，含义多为延性系数；而在进行新结构的设计时，含义多为延性能力。

屈服强度系数的倒数称为强度折减系数，即

$$R_y=\frac{1}{C_y}=\frac{F_e(\mu=1)}{F_y(\mu=\mu_i)} \tag{6.3}$$

综合式(6.1)～式(6.3)，可知结构的非弹性位移比、延性 μ 和强度折减系数有以下关系

$$\frac{X_p}{X_e}=\frac{\mu}{R_y} \tag{6.4}$$

6.2.2　运动方程的求解

在式(6.1)中，X_p 和 X_e 的确定需要求解地震动作用下单自由度体系的平衡方程。X_e 为线弹性单自由度体系在地震动作用下的最大位移反应，因此可以通过第 3 章中求解线弹性单自由度体系地震反应的方法求得，当然若已知加速度反应谱，也可以通过弹性加速度反应谱、速度反应谱和位移反应谱之间的换算关系获得(即伪反应谱之间的关系)。对于 X_p，需要求解非弹性单自由度体系的平衡方程。与线弹性情况不同，非弹性情况单自由度体系在地震动作用下的方程表示为

$$m\ddot{x}+c\dot{x}+f(x,\dot{x})=-m\ddot{x}_g(t) \tag{6.5}$$

此时结构的恢复力不再能表示成结构的初始刚度与位移全量之间的乘积。函数 $f(x,\dot{x})$ 符合类似于图 6.1 中给出的非线性力－变形关系。

方程(6.5)的求解需要使用数值积分方法，最常用的求解结构平衡方程的方法为 Newmark 数值积分方法。需要注意的是在求解非弹性体系的平衡方程过程中，Newmark 方法的步骤对于线弹性情况和非弹性情况是不一样的，方法的具体使用将在下面介绍。同样，与第 4 章中的处理方式相同，首先将式(6.5)中的右端项 $-m\ddot{x}_g(t)$ 改写成 p，这样处理后在公式推导的过程中会显得相对简洁。实际情况下，$\ddot{x}_g(t)$ 是离散的数据，同时一般使用 Newmark 数值积分方法时采用的分析步长 Δt 和记录到的地震动数据点之间的时间间隔也是不一样的，p 在任意时刻 t 的值可以通过对地震动数据插值获得。

方程(6.5)可以转化成增量形式的平衡方程表达式，由于方程(6.5)在任何时刻均满足平衡条件，因此在 i 时刻和 $i+1$ 时刻，有以下两式成立

$$m\ddot{x}_i+c\dot{x}_i+f_i=p_i \tag{6.6a}$$

$$m\ddot{x}_{i+1}+c\dot{x}_{i+1}+f_{i+1}=p_{i+1} \tag{6.6b}$$

根据式(6.6b)和(6.6a)之差，可得到如下的增量动力平衡方程

$$m\Delta\ddot{x}_{i+1}+c\Delta\dot{x}_{i+1}+\Delta f_{i+1}=\Delta p_{i+1} \tag{6.7}$$

此时结构的恢复力增量可以近似地认为等于当前刚度与当前位移增量乘积，因此式中的 $\Delta f_{i+1}=k_{i,\mathrm{T}}\Delta x_i$，$k_{i,\mathrm{T}}$ 是 i 时刻的切线刚度（实际上应该使用 $x_i \to x_{i+1}$ 的割线刚度 $k_{i,\sec}$，但是在求解之前 x_{i+1} 是未知的，所以用 $k_{i,\mathrm{T}}$ 来近似地代替 $k_{i,\sec}$）。

在方程的求解过程中一般会产生两种误差：①由于在一个分析时间步内使用 $\Delta f_{i+1}=k_{i,\mathrm{T}}\Delta x_i$ 进行位移增量预测时，在该 Δt 时间内速度由正号变为零或负号，那么预测的位移增量将比真实情况大。这种误差可以通过减小分析步长来加以控制，使步长结束的时刻接近或正好等于速度变为零的时刻，具体操作上可通过不断的迭代使步长的长度满足以上要求。②使用 $k_{i,\mathrm{T}}$ 来代替割线刚度，在一个分析步内使用 $\Delta f_{i+1}=k_{i,\mathrm{T}}\Delta x_i$ 进行位移增量预测时，预测值和真实值有误差（除非真实的荷载一位移路径在此分析步内是线性的），消除这种误差的方法类似于求解结构非线性静力问题时的 Newton－Raphson 迭代方法，当然其他的迭代方法也同样适用。

关于 Newmark 数值积分方法有关公式的具体理论推导过程，可参考一些建筑结构抗震设计或地震工程方面的书籍。下面使用两个表格列出单自由度非弹性体系在外部动力荷载下的 Newmark 数值积分方法的步骤，表 6.1 给出了使用 Newmark 方法求非弹性单自由度体系反应的过程，表 6.2 给出了已知 $\Delta\hat{p}_i$ 和 $\hat{k}_{i,\mathrm{T}}$ 迭代求 Δx_i 的过程。

表 6.1　使用 Newmark 方法求非弹性单自由度体系动力反应的过程

选择方法中的参数

①平均加速度方法：$\gamma=1/2, \beta=1/4$

② 线性加速度方法：$\gamma=1/2, \beta=1/6$

1. 初始计算

(1) $\ddot{x}_0=\dfrac{p_0-c\dot{u}_0-f_0}{m}$

(2)选择 Δt

(3) $a=\dfrac{1}{\beta\Delta t}m+\dfrac{\gamma}{\beta}c$，$b=\dfrac{1}{2\beta}m+\Delta t\left(\dfrac{\gamma}{2\beta}-1\right)c$

2. 针对第 i 时间步的计算，$i=1, 2, 3, \cdots$

(1) $\Delta\hat{p}_i=\Delta p_i+a\dot{x}_i+b\ddot{x}_i$

(2)求出当前的切线刚度 $k_{i,\mathrm{T}}$

(3) $\hat{k}_{i,\mathrm{T}}=k_{i,\mathrm{T}}+\dfrac{\gamma}{\beta\Delta t}c+\dfrac{1}{\beta(\Delta t)^2}m$

(4)利用已知的 $\Delta\hat{p}_i$ 和 $\hat{k}_{i,\mathrm{T}}$ 通过迭代求出 Δx_i，迭代过程见表 6.2

(5) $\Delta\dot{x}_i=\dfrac{\gamma}{\beta\Delta t}\Delta x_i-\dfrac{\gamma}{\beta}\dot{x}_i+\Delta t\left(1-\dfrac{\gamma}{2\beta}\right)\ddot{x}_i$

(6) $\Delta\ddot{x}_i=\dfrac{1}{\beta(\Delta t)^2}\Delta x-\dfrac{1}{\beta\Delta t}\dot{x}_i-\dfrac{1}{2\beta}\ddot{x}_i$

(7) $x_{i+1}=x_i+\Delta x_i$，$\dot{x}_{i+1}=\dot{x}_i+\Delta\dot{x}_i$，$\ddot{x}_{i+1}=\ddot{x}_i+\Delta\ddot{x}_i$

3. 下一个时间步的计算

将 i 换成 $i+1$，重复步骤 2 和步骤 3 中的工作，直到达到预定的分析时间

表 6.2　已知 $\Delta\hat{p}_i$ 和 $\hat{k}_{i,T}$ 迭代求 Δx_i 的过程

1. 初始化数据

$x_{i+1}^{(0)} = x_i$, $f^{(0)} = f_i$, $\Delta R^{(1)} = \Delta\hat{p}_i$, $\hat{k}_T = k_{i,T}$

2. 针对第 j 迭代步的计算，$j=1, 2, 3, \cdots$

(1)利用 $\hat{k}_T\Delta x^{(j)} = \Delta R^{(j)} \Rightarrow \Delta x^{(j)}$

(2) $x_{i+1}^{(j)} = x_{i+1}^{(j-1)} + \Delta x^{(j)}$

(3) $\Delta f^{(j)} = f^{(j)} - f^{(j-1)} + (\hat{k}_T - k_T)\Delta x^{(j)}$

(4) $\Delta R^{(j+1)} = \Delta R^{(j)} - \Delta f^{(j)}$

3. 下一个迭代步的计算

将 j 换成 $j+1$，重复步骤 2 和步骤 3 中的工作，直到达到预定的收敛准则

在表 6.2 中的迭代过程需要规定一个结束迭代的准则，即在满足该准则的情况下认为可不再继续迭代，精度已满足要求。当迭代到第 l 个迭代步时，当此迭代步位移增量 $\Delta x^{(l)}$ 与此增量步的总的位移增量 $\Delta x = \sum_{j=1}^{l}\Delta x^{(j)}$ 相比很小时，即可认为精度已经满足。Δx 可继续用于表 6.1 中的第(5)步。具体的判断公式为

$$\frac{\Delta x^{(l)}}{\Delta x} < \varepsilon \tag{6.8}$$

式中　ε——误差限值，一般可取小于 10^{-5}。

6.3　等强度非弹性反应谱

等强度非弹性反应谱中的“等强度”指用于计算反应谱的单自由度体系具有相同的屈服强度系数 C_y。非弹性反应谱的纵轴为结构的反应量(一般情况为最大反应)，横轴为结构的初始周期，不同的屈服强度系数 C_y 对应不同的反应谱曲线。一般来讲，等强度反应谱由于事先已知结构屈服强度，因此较为适合用于对已建结构的最大反应进行估计。广义上说，结构的任意位移反应均可作为非弹性位移反应谱的纵轴反应量，如最大位移反应 X_p 等。弹性反应谱的一个特点是对于同一条地震动，调整地震动幅值后得到的反应谱的谱值将会成正比例变化，而谱形保持不变；而对于非弹性反应谱，这种比例关系不再存在，谱形也并非保持不变。然而，对应每一个地震动强度计算非弹性反应谱并将其拟合成设计谱是不现实的做法，所以非弹性反应谱纵轴所采用的反应参数的选择最好能使得到的反应谱与地震动强度无关，上述的最大位移反应 X_p 是不具有此性质的。

取波形相同、幅值按比例变化的两个加速度记录，设它们的加速度峰值分别为 a_1 和 a_2，且 $a_2 = ka_1$(k 为比例系数)。计算屈服强度为 F_y 的单自由度体系在两条加速度记录作用下的等强度非弹性位移比。若假定结构在峰值为 a_1 的加速度记录下保持弹性所需要的最低强度为 F_{e1}，于是结构在峰值为 a_1 的加速度记录下对应的等强度位移比的屈服强度系数为 $C_{y1} = F_y/F_{e1}$。同理，结构在峰值为 a_2 的加速度记录下保持弹性所需要的最低强度为 F_{e2}，由于 $a_2 = ka_1$，于是 $F_{e2} = kF_{e1}$。如果此时也将单自由度体系的屈服强度提高 k

倍，那么屈服强度为 kF_y 的单自由度体系在 a_2 的加速度记录作用下对应的等强度位移比的屈服强度系数为 $C_{y2}=kF_y/F_{e2}=kF_y/kF_{e1}=C_{y1}$ 。也就是说，如果保持屈服强度系数相等，那么两条记录对应的等强度非弹性位移比也会相同。使用不同周期的结构，将计算得到的等强度非弹性位移比连成一条谱曲线，即为等强度非弹性位移比谱。

可以得到更为一般的结论，波形相同但幅值不同的若干条记录（可经地震动调幅得到），只要它们的屈服强度系数相等，则对应的等强度位移比谱都是相同的。这个结论对于工程应用具有十分重要的意义，在应用中经常要遇到对于不同地震动强度下的结构反应评估而需对加速度记录进行调幅的情况。上述结论的意义在于：一个高幅值记录对应屈服强度系数为 C_y 时的等强度位移比谱，可以转化为仅对同一地震动强度下不同屈服强度系数对应的等强度位移比谱研究。或者说，在计算非弹性位移比谱时不需对地震动记录进行调幅。

以 1940 年 El Centro (NS 分量)为例说明以上问题，假定 7 度区对应的峰值加速度为 220 gal，8 度区对应的峰值加速度为 440 gal，且等强度位移比谱的强度屈服系数 C_y 为 0.2 和 0.4。首先画出体系对应 7 度区的等强度位移比谱（峰值调幅到 7 度区水平），如图 6.3(a)所示；然后再画出对应 8 度区的等强度位移比谱（峰值调幅到 8 度区水平），如图 6.3(b)所示。从这两个图中可以看出，这两个图是完全相同的，验证了上述说明，即位移比谱的计算结果与地震动强度的调幅与否无关。

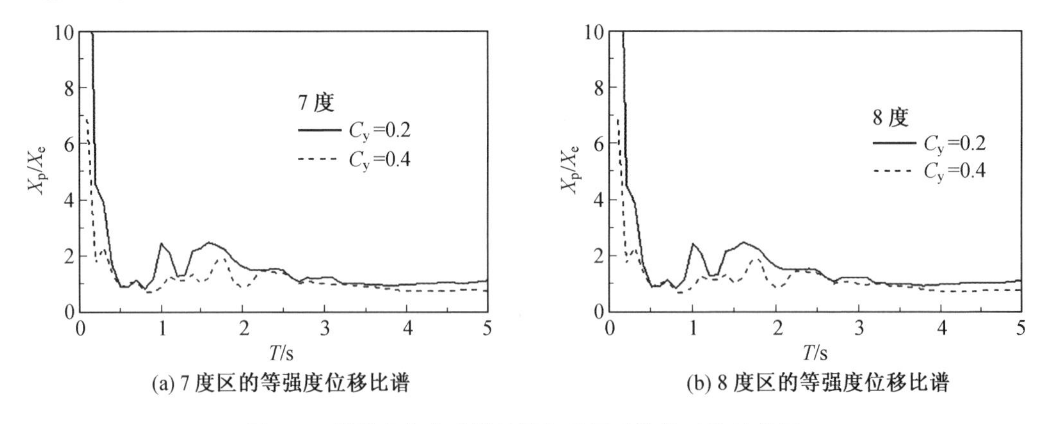

(a) 7 度区的等强度位移比谱　　(b) 8 度区的等强度位移比谱

图 6.3　等强度位移比谱计算与地震动峰值无关示意图

6.3.1　等强度反应谱的计算方法

影响结构动力特征的主要结构参数一般有下列 4 个，包括恢复力模型特征、结构周期、屈服强度、阻尼。鉴于双线型恢复力模型具有形式简单、计算方便同时又能反映大部分结构弹塑性滞回性质的特点，此处在计算等强度位移比谱时，假定结构的力一变形关系特性符合双线型恢复力模型。在计算等强度位移比谱时，单自由度体系的自振周期从 0.05～5 s不均等的取值（短周期范围可取值较密，长周期范围可取值较稀疏），考虑屈服强度系数 C_y 分别等于 0.2、0.3、0.4、0.5 和 0.6 的情况；结构的阻尼比取为 0.05，双线型恢复力模型的第二刚度取为 0（即理想弹塑性恢复力模型）。

等强度非弹性位移比谱的计算过程非常简单直接，对于一条给定的地震动记录，一个非弹性单自由度体系的时程反应可通过求解方程(6.5)得到。因此，对于指定周期、阻尼比、屈服强度系数以及恢复力模型的弹塑性单自由度体系，通过数值分析的方法，对每一条地震动，都能计算出其最大非弹性位移反应 x_{pmax} 及与其对应的线弹性体系的最大弹性位移反应 x_{emax}，则位移比值 x_{pmax}/x_{emax} 即为非弹性位移比。计算不同周期的单自由度体系，绘制成曲线，即得到非弹性位移比谱。如果有多条地震动记录，通过平均即可得到平均等强度位移比谱。

6.3.2　等强度反应谱的特征

此处以选择的 4 类场地(基岩类、硬土类、一般土类、软土类)上的若干条地震动记录为基础，计算地震动作用下理想弹塑性模型体系(5%阻尼比)的等强度位移比谱，并对每类场地上的等强度位移比谱进行统计分析，并给出了相应的反应谱，分析了各类场地上的等强度位移比谱的特点和性质。需说明的是，虽然地震场地类别划分的区间不完全一致，但是可大致认为基岩类、硬土类、一般土类、软土类场地类似于我国抗震设计规范中使用的Ⅰ、Ⅱ、Ⅲ和Ⅳ类场地。由于地震动的巨大离散型，平均位移比谱更具有代表性，以下的讨论均针对平均反应谱进行。图 6.4 为 4 类场地上的等强度位移比谱，从图中可以总结出等强度位移比谱的一些基本特征。

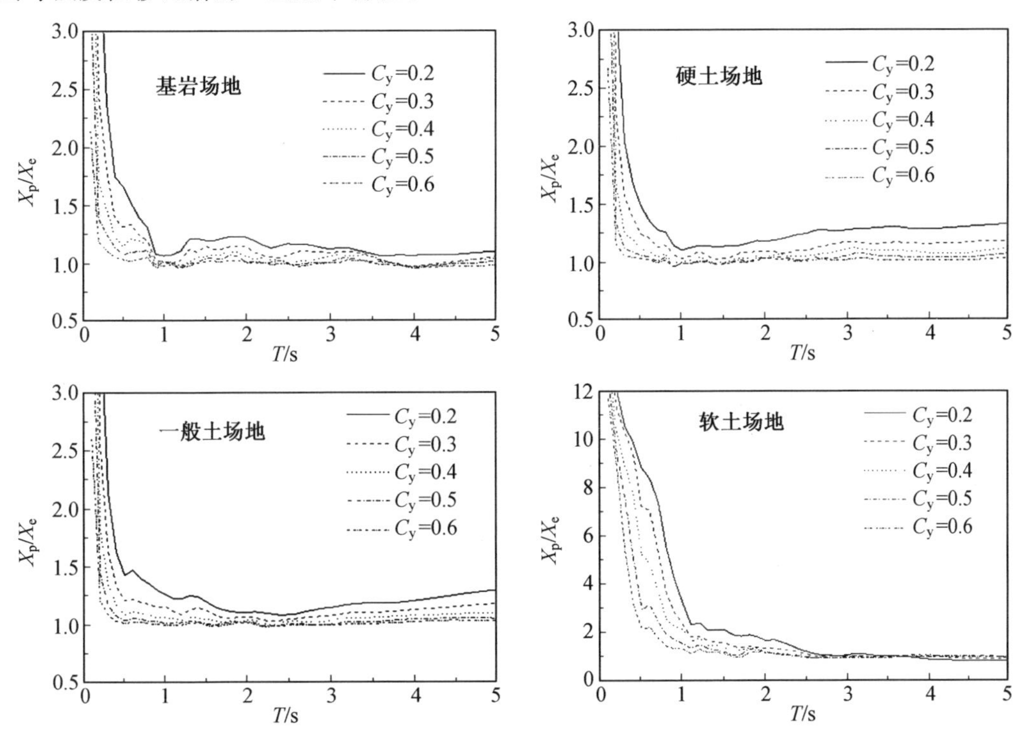

图 6.4　4 类场地上的等强度非弹性位移比谱

一般地，对同一周期来讲，等强度位移比谱的谱值随屈服强度系数的增加而减小，屈服强度系数越大，不同屈服强度系数对应的反应谱之间越接近，或者说，屈服强度系数越大，谱值的差异相对越小。

同一屈服强度系数下，在短周期频段(大约小于 1 s)，谱值变化剧烈，在长周期频段，则趋向于平缓，谱值基本保持在同一水平。谱值从变化相当剧烈到趋向于平缓，中间有一个比较明显的拐点周期，对同一类场地，不同的屈服强度系数，拐点周期及其谱值也不相同，一般来讲，随屈服强度系数的增加，拐点周期及其谱值都相应地减小。对不同的场地条件，拐点周期也有所不同。

6.3.3 等强度设计谱

通过统计得到的平均反应谱在实际使用时不是十分方便，如果将其进行拟合，形成解析的表达式将极大增加使用的方便性，设计谱即是将平均反应谱进行拟合后得到的表达式(有时也会考虑经济因素做适当调整)。由图 6.4 所示的等强度位移比谱，不难看出各谱曲线具有比较接近的变化趋势和形状，可通过式(6.9)所示的公式来拟合统计所得到的等强度位移比谱

$$S=\left(\frac{d}{T^{a}}\right)^{-c}+b \tag{6.9}$$

式中 S——位移比谱值；

T——结构的周期；

a、b、c、d——拟合参数，且为屈服强度系数 C_{y} 的函数。

在对软土类场地的平均等强度位移比谱进行拟合时，由于此类场地上的记录较少，用式(6.9)进行拟合时效果不是很好，故指定 b 值为 1，然后再进行拟合。对于式(6.9)中的拟合参数 a、b、c、d，以三次多项式进行拟合，其统一的数学表达式为

$$F(C_{y})=b_{1}C_{y}^{3}+b_{2}C_{y}^{2}+b_{3}C_{y}+b_{4} \tag{6.10}$$

式中 $F(C_{y})$ 表示参数 a、b、c、d，b_{1}、b_{2}、b_{3}、b_{4} 为多项式的系数，其回归的结果用表格表示。等强度位移比谱拟合公式中的有关参数见表 6.3，图 6.5 为等强度位移比谱的拟合曲线与统计曲线的比较图，从图中可以看出拟合的效果比较好。

表 6.3 等强度位移比谱拟合公式中的有关参数

场地条件	系数	b_1	b_2	b_3	b_4
基岩	a	21.66	−23.48	7.53	−0.37
	b	2.77	−3.49	1.29	0.89
	c	7.85	−7.82	1.84	0.16
	d	−30.68	35.45	−13.16	2.20
硬土	a	15.02	−15.16	4.21	0.07
	b	−1.48	2.82	−1.79	1.38
	c	2.50	−1.35	−0.57	0.42
	d	−22.86	25.12	−8.67	1.54

续表 6.3

场地条件	系数	b_1	b_2	b_3	b_4
一般土	a	36.01	−39.69	12.97	−0.90
	b	5.81	−7.69	3.15	0.62
	c	11.18	−11.06	2.64	0.12
	d	−51.86	59.89	−21.61	3.06
软土	a	29.93	−35.10	12.61	−1.20
	b	32.84	−38.82	13.93	−1.30
	c	10.96	−13.45	4.44	0.77

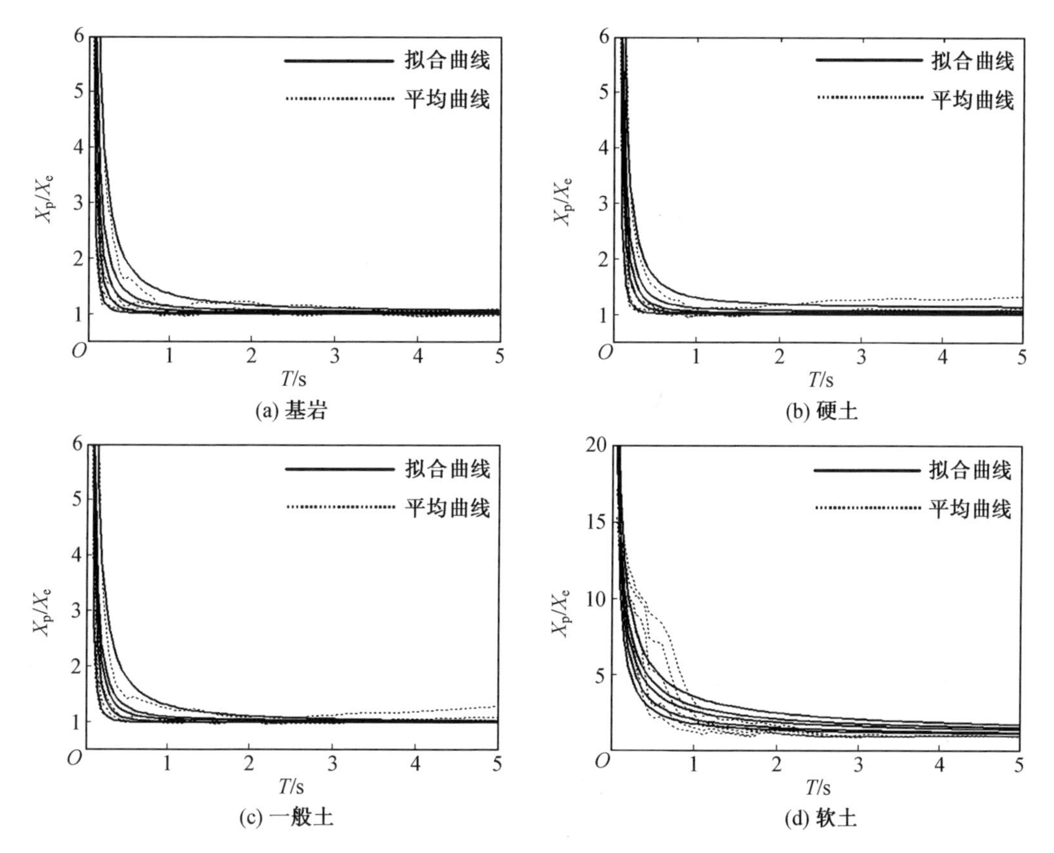

图 6.5　等强度位移比谱的拟合曲线与统计曲线的比较

（图中曲线从上至下分别代表屈服强度系数 C_y =0.2、0.3、0.4、0.5 的情况）

6.4　等延性非弹性反应谱

等延性非弹性反应谱中的“等延性”指用于计算反应谱的一系列单自由度体系具有相同的延性 μ 。与等强度非弹性反应谱类似，等延性非弹性反应谱的纵轴为结构的反应量（一般情况为最大反应），横轴为结构的初始周期，而不同的延性 μ 将对应不同的反应谱曲线。非弹性位移比对于等延性非弹性反应谱也是个合理的选择,其计算也与地震动幅值的相对大小无关,因此在实际应用中也十分方便。一般来讲,等延性反应谱由于事先已知结构的延性,因此较为适合做待建结构的初步设计,期望所设计的结构具有相应的延性能力。由于使用了非弹性位移比,因此本节中所述的等延性非弹性反应谱指等延性的非弹性位移比谱。

6.4.1 等延性反应谱的计算方法

为了通过地震时程分析法得到单自由度体系的非弹性位移比谱,对于结构体系主要考虑了以下几个方面:双线型恢复力模型,结构的阻尼比采用 5%,为了表示结构进入非线性的不同程度,计算了对应不同结构位移延性系数 μ 的非弹性位移比谱。与等强度位移比谱相比,等延性位移比谱的计算要复杂得多。其原因为在计算单自由度体系的非弹性反应时,应首先知道恢复力模型中结构屈服强度才能计算,而对于等延性反应谱的情况,已知的是结构体系延性而不是体系的屈服强度,所以计算的过程中需要不断地迭代来找到对应于给定结构延性的结构屈服强度。单自由度体系等延性非弹性位移比谱的计算步骤如下:

①用时程分析法计算给定地震动作用下非弹性单自由度体系所对应的线弹性体系的最大位移和最大基底剪力,最大位移即为结构的弹性最大位移,最大基底剪力即为可使结构保持弹性的最低强度 F_e 。

②以 F_e 作为初始屈服强度,以 $F_e/1\ 000$ 的梯度逐渐降低结构的屈服强度,使用时程反应分析获得结构的延性系数,直到结构的延性系数达到期望值(如 2.0、3.0、4.0、5.0 和 6.0),记下此时结构的最大非弹性位移作为在此延性条件下的最大非弹性位移。

③将每个延性系数下的最大非弹性位移分别除以结构的最大弹性位移,作为在该延性条件下的非弹性位移比。

④对于每个单自由度体系和每条地震动记录分别重复步骤①~③,这样就得到了多个单自由度体系在地震动记录作用下对应不同延性的非弹性位移比谱。对于多条地震动的情况,平均即可得到平均非弹性位移比谱。

6.4.2 等延性反应谱的特征

此处也以 4 类场地(基岩类、硬土类、一般土类、软土类)上的若干条地震动记录为基础,计算了地震动作用下理想弹塑性模型体系(阻尼比为 0.05)的等延性位移比谱。图 6.6 给出了 4 类场地上的等延性平均非弹性位移比谱。本节中非弹性位移比谱的绘制,横轴没有像 6.3 节中使用的线性坐标,而是使用了对数坐标,这样处理后对于短周期部分密集曲线的可视性有一定的提高,因此也是绘制非弹性位移比谱的另一种常用表现方式。需说明的是,这种处理方式并非改变了计算过程中横轴上所选择的周期数据,而仅是在绘图时选择线性坐标还是对数坐标而已。从图中可以看出,4 类场地上的等延性非弹性位移比谱的大致趋势是相同的,即在周期很短时,位移比谱的谱值较大,并且随着周期值的增加而急剧下降，在达到某一特定周期值 T (0.4～1.0 s)之后，位移比谱开始由很陡的曲线转入较为平缓的曲线，并在此之后几乎呈直线变化；谱值随着结构延性的增加而增大。

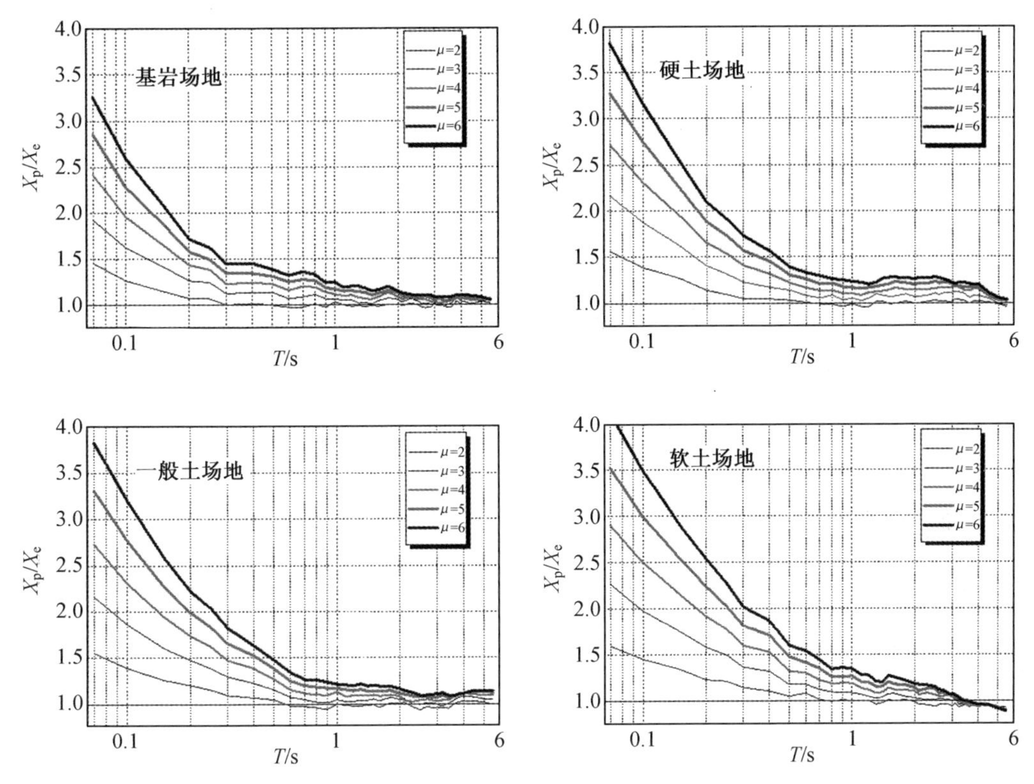

图 6.6　4 类场地上的等延性非弹性位移比谱

6.4.3　等延性设计谱

场地条件对单自由度体系的等延性非弹性位移比谱会产生较大的影响，因此有必要对不同场地条件下的非弹性位移比谱进行回归分析，得到其简化公式，以便于具体应用时参考，其具体公式为

$$S=1.0+X(\mu-1)+Y(\mu-1)\mathrm{e}^{-Z\cdot\lg T} \tag{6.11}$$

式中　S—— 位移比谱值；

T—— 结构周期；

X、Y、Z ——拟合参数，其在不同场地下的具体取值见表 6.4。

图 6.7 中绘出了等延性位移比谱的拟合曲线与统计曲线的比较。

表 6.4　拟合曲线的参数取值

场地分类	拟合参数		
	X	Y	Z
基岩	0.01	0.03	2.48
硬土	0.03	0.03	2.40
一般土	0.00	0.05	2.05
软土	−0.05	0.12	1.56

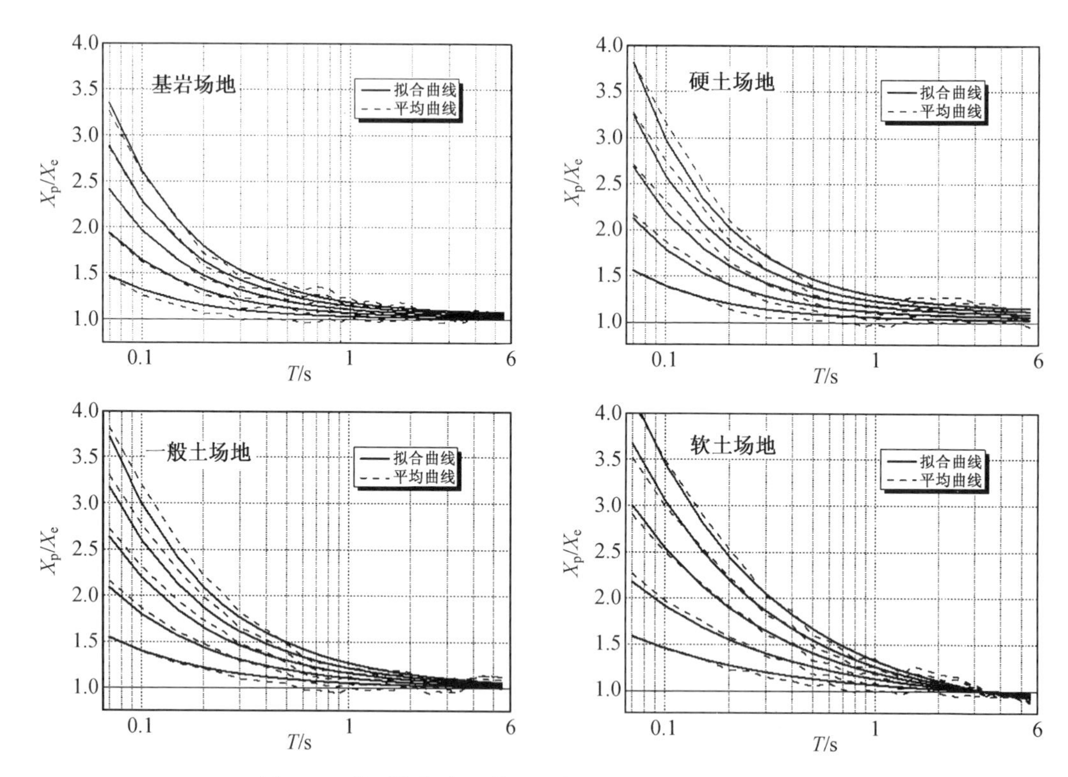

图 6.7　等延性位移比谱的拟合曲线与统计曲线的比较
（图中曲线从上至下分别代表延性 $\mu=6,5,4,3,2$ 的情况）

上面给出了不同场地条件下的非弹性位移比谱及其拟合曲线，但是有时人们希望能够考察非弹性位移比谱在所有场地记录作用下的总体特征，这就需要画出全部记录对应的非弹性位移比谱并加以研究。而且，有时在对非弹性位移比谱的影响因素进行研究时，也往往需要以总体的非弹性位移比谱为基础，如某个影响因素对于不同场地对应的非弹性谱的修正系数相似，即在考虑该因素影响时场地的影响可以忽略，那么该因素的修正系数的确定可以直接针对总体的非弹性比谱来开展。在本章的下一节中，我们将给出考虑不同因素影响的几种情况及其处理方法，其中有些是针对所有场地记录所对应的平均非弹性位移比谱的。图 6.8 中绘制了全部地震动记录对应的等延性非弹性位移比谱，可以看出位移比谱值随结构延性的变化较为均匀，并且即使在长周期段，延性较大时的位移比谱值也超过 1.0。

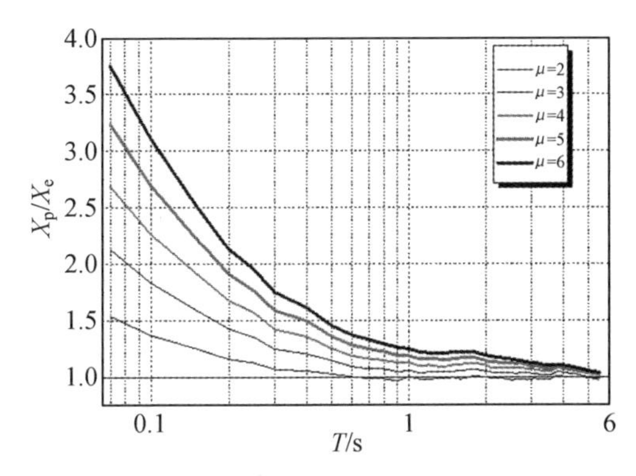

图 6.8　全部地震动记录对应的等延性非弹性位移比谱

为了进一步清楚、明确地表示所有记录对应的非弹性位移比谱的主要规律，以全部地震动记录的计算结果为基础，通过回归分析，拟合出了如下单自由度体系非弹性位移比谱的估计公式

$$S=\begin{cases}0.94170+0.05830\mu+0.73145(\mu-1)e^{-7.7T} & (T\leqslant 1.0)\\ 0.92966+0.07034\mu-0.01171(\mu-1)T & (1.0<T\leqslant 6.0)\\ 1.0 & (T>6.0)\end{cases} \tag{6.12}$$

公式将整个周期分为 3 段，在小于 1.0 s 时采用指数形式的曲线；在 1.0～6.0 s 周期段因为谱值变化较为平缓，采用直线拟合；在大于 6.0 s 后的谱值均取为 1.0，不再随结构的延性产生变化。

图 6.9 中为统计曲线与拟合曲线的比较，可以看出，该公式在整个周期段均能很好地拟合实际的统计曲线，同时也能够反映位移比谱在中、长周期段的谱值随结构延性的变化。

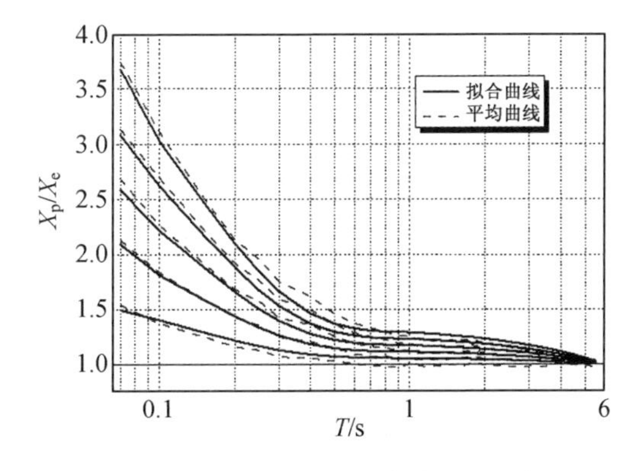

图 6.9　统计曲线与拟合曲线的比较

6.5 非弹性反应谱的影响因素

以上只针对场地类型对等强度非弹性位移比谱和等延性位移比谱的影响进行了考虑，其实影响非弹性反应谱的因素很多，这些因素可以分为两类：一类为地震动方面的影响因素，如震级、距离、场地条件等，另一类为结构方面的影响因素，如结构的周期、结构的恢复力模型（根据所使用模型复杂程度的不同，可能又包括模型的类型、第二刚度比、卸载刚度、捏缩效应等）、结构的屈服强度系数、结构的延性、$P-\Delta$ 效应等。本节将对其中几个因素进行研究，通过类似的方法，也可以对其他影响因素进行研究，并同时考虑其他影响因素的作用。下面将从定性到定量角度研究阻尼、恢复力模型中的第二刚度两个因素对等强度非弹性位移比谱的影响，以及恢复力模型中的第二刚度对等延性非弹性位移比谱的影响。同理，其他因素的影响也可使用类似的方式研究，但在本书中不再给出。为论述方便起见，将具有理想弹塑性特性、阻尼比为 0.05 的单自由度体系计算出的反应谱定义为“标准系统”。

6.5.1 等强度反应谱

阻尼对结构反应的影响是与结构发生塑性变形的程度有关的，因为两者都会在结构的动力反应中消耗能量，结构发生塑性变形的程度越大，阻尼耗能的比例相对越小，因而其影响相对越小，反之影响则越大。在结构弹性变形过程中，阻尼是唯一的耗能机制，因而阻尼对弹性结构的影响最大，对等强度非弹性位移比谱来讲，其谱值是由非弹性结构的位移反应与具有相同自振周期的弹性结构的位移反应两部分作比值得到的，因此阻尼对反应谱的影响取决于阻尼对非弹性结构反应影响和阻尼对弹性结构反应影响的综合作用结果。

这里仅以一般场地上的等强度非弹性位移比谱为例考察阻尼对等强度非弹性位移比谱的影响规律。图 6.10 为屈服强度系数 C_y 为 0.3 时，一般土场地上等强度非弹性位移比谱随阻尼（阻尼比 ξ 分别为 0.01、0.02、0.05、0.10、0.15、0.20）变化而变化的情况，从图中可以总结出一些基本特征。

对应各种阻尼水平的等强度非弹性位移比谱的变化趋势都是相同的，即在短周期阶段谱值随周期的变化剧烈，在长周期阶段，其谱值随周期变化则趋向于平缓，其特点都与“标准系统”所对应的平均等强度位移比谱的变化趋势相同。

在给定的屈服强度系数及周期情况下，谱值随阻尼的增大而增加。其原因可以解释为：随阻尼比的增加，弹性体系和弹塑性体系的反应都有所减小，但由于阻尼对弹性体系的影响较大，也就是说，由于阻尼的增加，弹性体系的反应减小的程度更大，因此阻尼对弹性体系反应的影响和阻尼对非弹性体系反应综合影响的结果使等强度非弹性位移比谱的谱值随阻尼的增加而增加。

为从定量角度分析由于屈服强度系数的不同而引起的阻尼对等强度位移比谱影响的

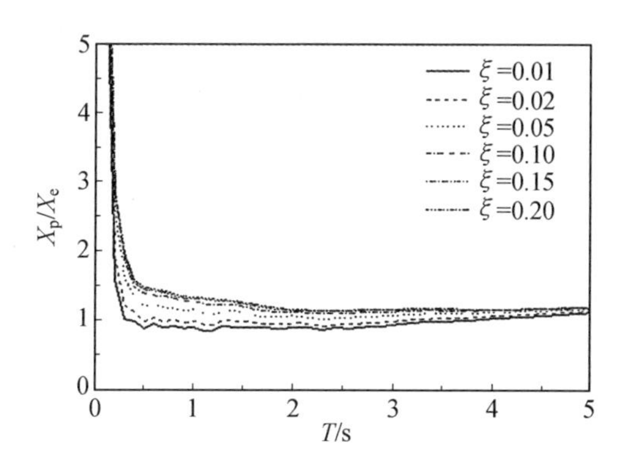

图 6.10　阻尼对等强度非弹性位移比谱的影响(C_y =0.3)

不同,以各屈服强度系数(0.2、0.3、0.4、0.5、0.6)情况下对应"标准系统"(阻尼比 ξ 为 0.05)的等强度非弹性位移比谱为基准,对各阻尼 ξ(0.01、0.02、0.05、0.10、0.15、0.20)所对应的等强度非弹性位移比谱进行了"标准化","标准化"后的等强度位移比谱如图 6.11所示,这里仅给出了阻尼比为 0.02 与 0.05 的结果。

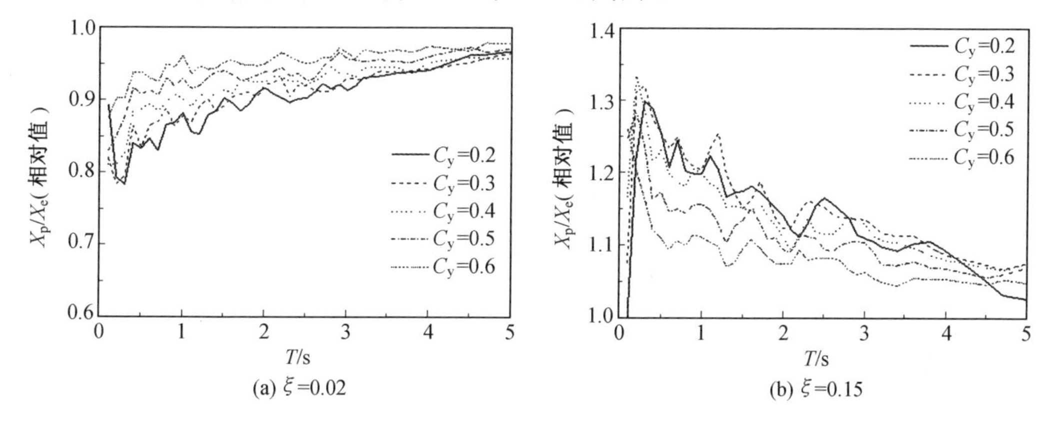

图 6.11　同一阻尼时对应的"标准化"等强度非弹性位移比谱

从图 6.11 中可以看出,在不同屈服强度系数下,阻尼对反应谱的影响在量值上存在较大的差别,且阻尼对等强度位移比谱的影响随屈服强度系数的增大而变小。关于这个问题,可从阻尼的变化对反应谱的影响原因得到解释,屈服强度系数大的结构在相同的地震动作用下,比屈服强度系数小的结构发生塑性变形的程度小,所以阻尼对屈服强度系数大的结构影响较大,但由于阻尼对弹性结构的影响也较大,因此阻尼对弹性结构的影响和阻尼对非弹性结构综合影响的结果使阻尼对屈服强度系数较大的等强度非弹性位移比谱影响较小,而对屈服强度系数较小的等强度非弹性位移比谱影响较大。另外,从图 6.11 中可以看出,无论在何种屈服强度系数下,阻尼在短周期频段对等强度位移比谱影响较大,在长周期阶段影响较小,阻尼对等强度非弹性位移比谱影响的具体数值与周期基本呈线性关系。

上面已经论述过，当屈服强度系数较大时，阻尼对等强度位移比谱的影响较小，当屈服强度系数较小时，阻尼对等强度位移比谱的影响较大。从图 6.17 中可以看出，当屈服强度系数为 0.6 时，除极短周期外，其他周期频段各阻尼情况下的谱值与“标准系统”的差值均保持在 10%以内，因此屈服强度系数大于或等于 0.6 时可考虑不对“标准系统”进行修正；在相同的阻尼情况下，屈服强度系数为 0.2、0.3、0.4、0.5 的比值谱曲线在各周期频段（尤其在屈服强度系数较大以及长周期频段时）出现了不同程度的交叉和重叠现象，而且从图中可以看出，同一周期情况下，屈服强度系数为 0.2、0.3、0.4、0.5 的比值谱相差不是很大。因此，为简便起见，当阻尼从 0.05 变化到某一数值、屈服强度系数在 0.2～0.5 之间时，采用同一修正系数 $a_1(T)$ 来考虑对阻尼的修正，不考虑屈服强度系数变化而引起的修正系数的变化，其值可由屈服强度系数为 0.2、0.3、0.4、0.5 的比值谱的平均值决定，而对于 0.5～0.6 之间的修正系数可由屈服强度系数为 0.6 所对应的修正系数 $a_2(T)$ 与 $a_1(T)$ 内插得到。

对于上面所说的修正系数 $a_2(T)$ 与 $a_1(T)$，选择直线型公式进行拟合，拟合公式为

$$S = B_1 T + B_2 \tag{6.13}$$

式中　S——比值谱的谱值（修正系数），也就是考虑阻尼影响的“标准系统”的修正系数 $a_2(T)$ 与 $a_1(T)$；

B_1、B_2——拟合参数，是阻尼比 ξ 的函数，以三次多项式进行拟合，其统一的数学表达式为

$$F(\xi) = b_1\xi^3 + b_2\xi^2 + b_3\xi + b_4 \tag{6.14}$$

式中 $F(\xi)$ 表示参数 B_1 和 B_2，b_1、b_2、b_3、b_4 为多项式的系数，其回归的结果用表格给出。表 6.5 为阻尼影响等强度非弹性位移比谱的修正参数，图 6.12 为阻尼影响等强度非弹性位移比谱的修正曲线。

表 6.5　阻尼影响等强度非弹性位移比谱的修正参数

屈服强度系数	参数	b_1	b_2	b_3	b_4
$C_y = 0.2 \sim 0.5$	B_1	−14.802	7.409	−1.354	0.051
	B_2	76.264	−39.032	7.477	0.716
$C_y = 0.6$	B_1	−5.828	3.196	−0.690	0.027
	B_2	37.286	−19.907	4.129	0.842

仍以一般场地上的等强度非弹性位移比谱为例，考察恢复力模型对等强度非弹性位移比谱的影响规律，然后根据所得出的结果给出对应“标准系统”的等强度非弹性位移比谱考虑恢复力模型影响的修正公式。前面已经说明，这里讨论的恢复力模型对等强度非弹性位移比谱的影响规律，主要是通过双线性恢复力模型第二刚度的变化来体现的，第二刚度的大小使用其与初始刚度的比例系数表示，即第二刚度折减系数 α。

图 6.13 为屈服强度系数 C_y 为 0.3 时，一般土场地上的等强度位移比谱随双线性恢

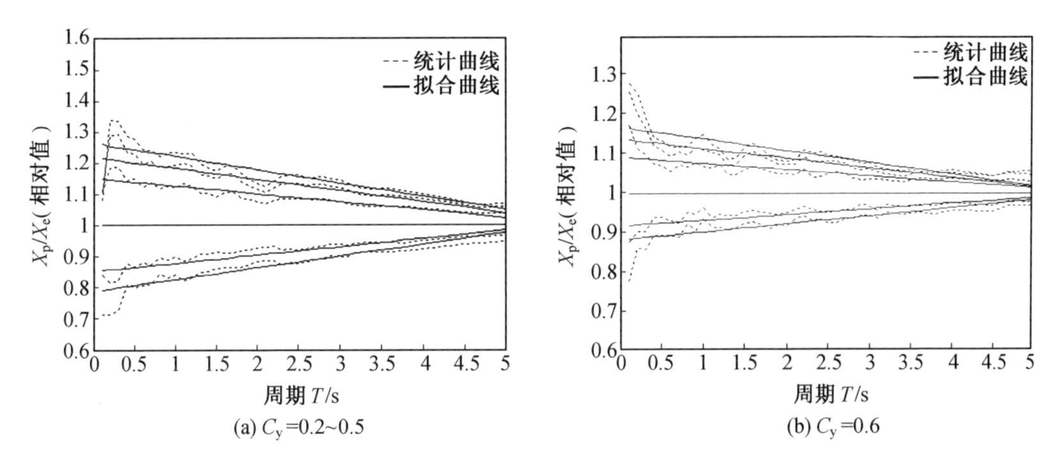

图 6.12　阻尼影响等强度非弹性位移比谱的修正曲线

（图中曲线从上至下分别表示阻尼比 ξ=0.20,0.15,0.10,0.05,0.02,0.01）

复力模型第二刚度折减系数 α（0.00、0.05、0.10、0.20）变化的情况，从这图中可以总结出一些基本规律。

在同一屈服强度系数情况下，双线性恢复力模型第二刚度折减系数对平均等强度位移比谱的变化趋势影响很小，其特点都与“标准系统”所对应的平均等强度位移比谱的变化趋势相同。在指定屈服强度系数及周期情况下，谱值随双线性恢复力模型第二刚度折减系数的增大而减小。

为从定量角度分析由于屈服强度系数的不同而引起的恢复力模型对等强度位移比谱影响的不同，本章以各屈服强度系数(0.2、0.3、0.4、0.5、0.6)情况下对应“标准系统”的等强度位移比谱为基准，对恢复力模型的第二刚度折减系数 α（0.00、0.05、0.10、0.20）所对应的等强度位移比谱进行了标准化，“标准化”后的等强度位移比谱如图 6.14 所示，由于篇幅所限，这里仅给出了恢复力模型的第二刚度折减系数 α 为 0.05 时的结果。

从图 6.13、图 6.14 中可以看出，不同屈服强度系数下，恢复力模型第二刚度变化对等强度非弹性位移比谱的影响在量值上存在较大的差别，且恢复力模型第二刚度的变化随等强度位移比谱影响随屈服强度系数的增大而变小。关于以上的特点，可从恢复力模型第二刚度的变化对弹性体系、非弹性体系影响的程度不同，以及复力模型第二刚度对等强度位移比谱的影响是对弹性体系、非弹性体系综合影响的结果得到解释。

当屈服强度系数较小时，恢复力模型的第二刚度 α 对等强度位移比谱的影响较大，当屈服强度系数等于 0.2 时，α 从 0.00 变化到 0.20 时，等强度位移比谱的谱值减小 20%左右；当屈服强度系数较大时，恢复力模型的第二刚度 α 对等强度位移比谱的影响较小，当屈服强度系数等于 0.6 时，α 从 0.00 变化到 0.20 时，除极短周期外，等强度位移比谱的谱值减小的幅度只有 5%左右，当屈服强度系数等于 0.5 时，α 从 0.00 变化到 0.20 时，除极短周期外，等强度非弹性位移比谱的谱值减小的幅度也只有 10%左右，这种影响在工程中是可以忽略的，因此屈服强度系数大于或等于 0.5 时可考虑不对“标准系统”进行修正。

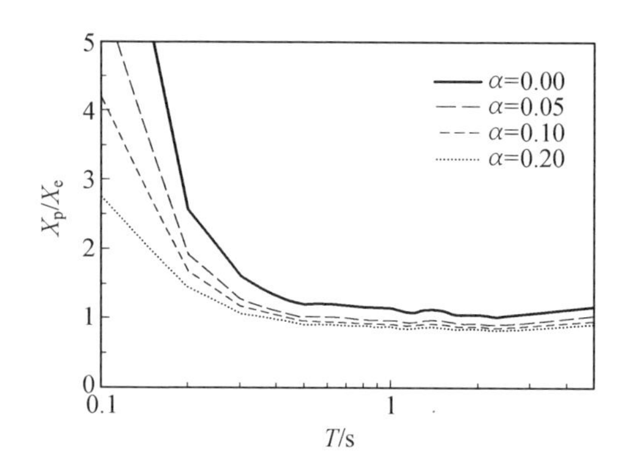

图 6.13 恢复力模型对等强度非弹性位移比谱的影响($C_y=0.3$)

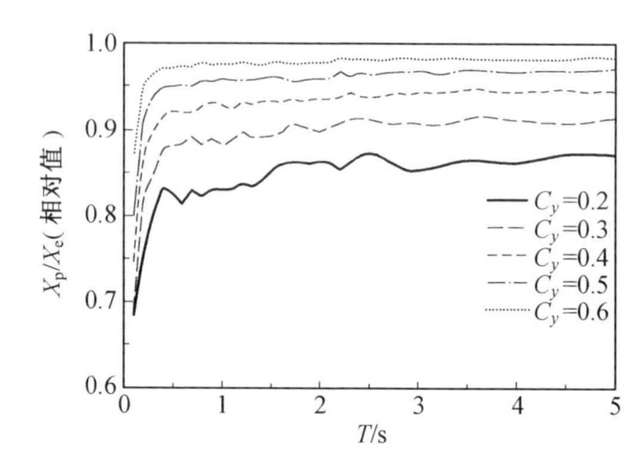

图 6.14 同一恢复力模型时对应的“标准化”等强度非弹性位移比谱($\alpha=0.05$)

除短周期外，当屈服强度系数相同时，恢复力模型第二刚度的变化对整个周期频段的影响大体相当。为简便起见，当屈服强度系数一定、第二刚度折减系数 α 从 0 变化到某个值时，考虑恢复力模型第二刚度的修正系数采用双线型的形式进行考虑，其中在长周期频段范围内采用同一修正系数(即修正系数与周期无关)，在短周期范围内则采用与周期成比例的线性关系进行修正(对不同场地条件和强度折减系数，长周期频段和短周期频段的分界点不同)。前面已论述过，当屈服强度系数在 0.5～0.6 之间时，可不考虑恢复力模型对“标准系统”的影响，而对于 0.2～0.3 之间、0.3～0.4 之间、0.4～0.5 之间的修正系数可由屈服强度系数为 0.2、0.3、0.4、0.5 所对应的修正系数内插得到。令长周期频段的修正系数为 S_g，长周期频段和短周期频段分界点的坐标为 T_g、S_g，短周期频段拟合直线的斜率为 k，则短周期频段的修正系数为 $k(T-T_g)+S_g$。

一般土场地上屈服强度系数 C_y 为 0.2、0.3、0.4、0.5 所对应的分界点的坐标 T_g、S_g 及短周期频段拟合直线的斜率 k 见表 6.6。图 6.15 为考虑恢复力模型对平均等强度位移比谱影响修正系数的拟合曲线与统计平均曲线的比较图(这里仅给出 C_y 为 0.3 的情况)。

表 6.6　恢复力模型第二刚度影响等强度非弹性位移比谱的修正参数

场地条件	屈服强度系数	T_g /s	$\alpha=0.05$		$\alpha=0.10$		$\alpha=0.20$	
			S_g	k	S_g	k	S_g	k
一般土	$C_y=0.2$	0.5	0.853	0.315	0.816	0.376	0.797	0.569
	$C_y=0.3$	0.5	0.902	0.273	0.867	0.349	0.842	0.486
	$C_y=0.4$	0.5	0.936	0.205	0.907	0.270	0.883	0.369
	$C_y=0.5$	0.5	0.962	0.155	0.942	0.215	0.922	0.286

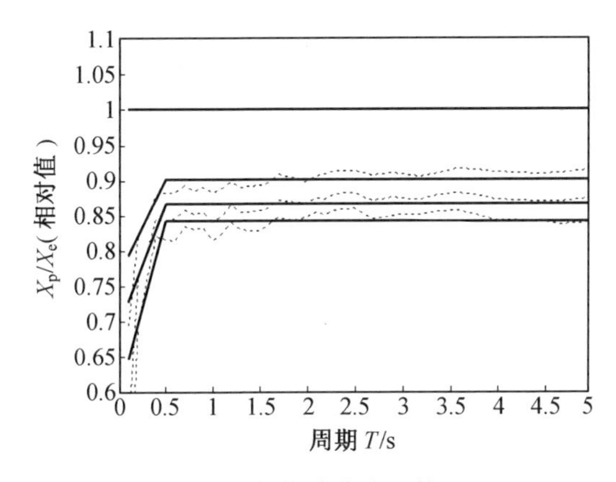

图 6.15　拟合曲线与统计曲线比较（$C_y=0.3$）

（注：图中曲线从上至下分别表示恢复力模型第二刚度系数 $\alpha=0.00$、0.05、0.10、0.20）

6.5.2　等延性反应谱

在“标准系统”的基础上，此节中研究恢复力模型影响第二刚度变化的影响时，考虑的范围比上一节中更广泛些，包括了正刚度和负刚度的不同情况。第二刚度折减系数 α 大于 0 说明恢复力模型的第二刚度为正值；α 等于 0 说明恢复力模型的第二刚度为 0，即为理想弹塑性模型；α 小于 0 说明第二刚度为负值。在研究第二刚度对非弹性位移比谱影响的时候，分别取屈服刚度系数 α 为 0.10、0.05、0.00、－0.05 和－0.10 的双线型恢复力模型来考察不同程度的屈服后刚度对非弹性位移比谱产生的影响。

图 6.16 中给出了延性系数 μ 为 4.0，第二刚度系数变化时不同场地的非弹性位移比谱的对比，以此来考察不同第二刚度的情况下非弹性位移比谱受场地条件的影响程度。从图中可以看出，在短周期段岩石场地的谱值最低，硬土、一般土和软土类场地相差不大；在长周期段岩石场地和硬土类场地的谱值最高，软土类场地的谱值最低。不同的第二刚度系数对这种趋势基本没有影响。从总体上讲，场地条件对非弹性位移比谱随结构屈服后刚度变化的趋势影响很小，因此在实际应用中可以不考虑场地条件的影响。

因为场地条件对非弹性位移比谱随第二刚度的变化趋势的影响不大，因此可考察屈服后刚度对总体非弹性位移比谱的影响。计算了延性系数分别为 2.0、3.0、4.0、5.0 和

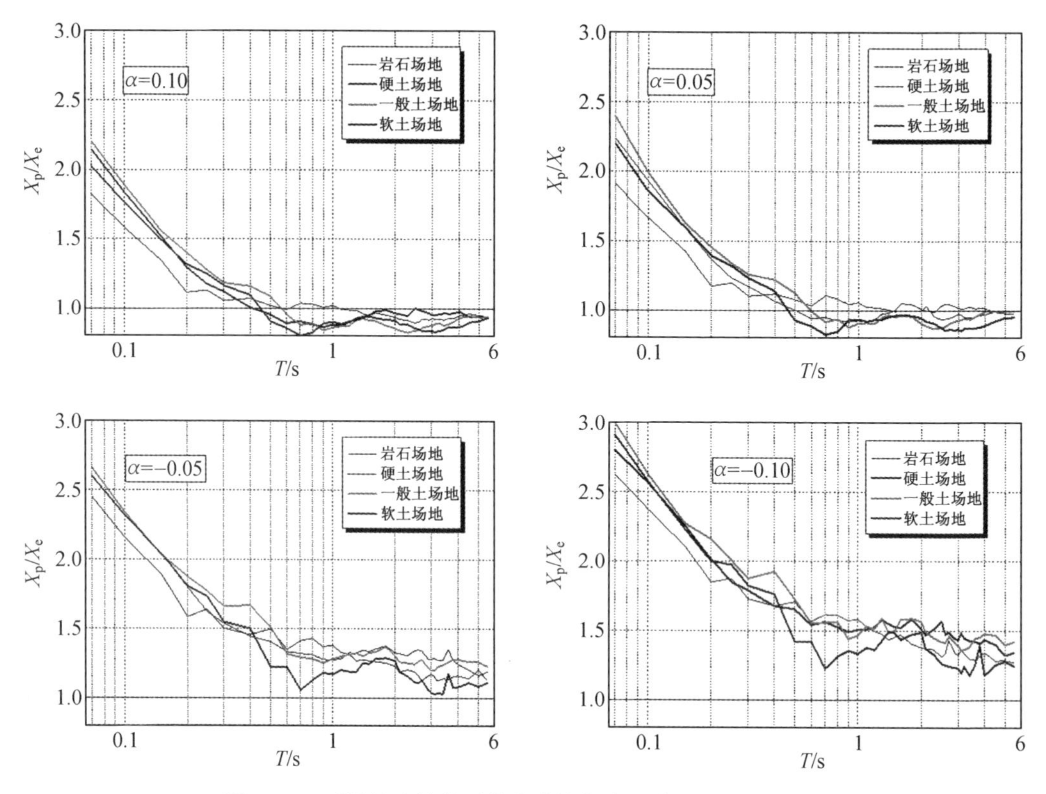

图 6.16　不同场地的等延性非弹性位移比谱比较($\mu=4.0$)

6.0 时的考虑不同第二刚度的总体非弹性位移比谱。图 6.17 中只列出了延性为 4.0 和 6.0 时的位移比谱,可以代表在其他延性系数下的大致规律。由图中可以看出结构的非弹性位移比谱随着第二刚度系数的减小而增大,并且当第二刚度系数 α 为负值时的增大幅度会比 α 为正值时的幅度大很多。当 α 大于 0 时,α 每降低 0.05,非弹性位移比谱的谱值升高约 10%;当 α 小于 0 时,α 每降低 0.05,非弹性位移比谱的谱值升高 20%以上。由此可以看出,恢复力模型的第二刚度变化对非弹性位移比谱的影响十分可观,尤其是当第二刚度为负时,在整个周期段对结构的影响都很大,因此在实际应用时应考虑实际结构是屈

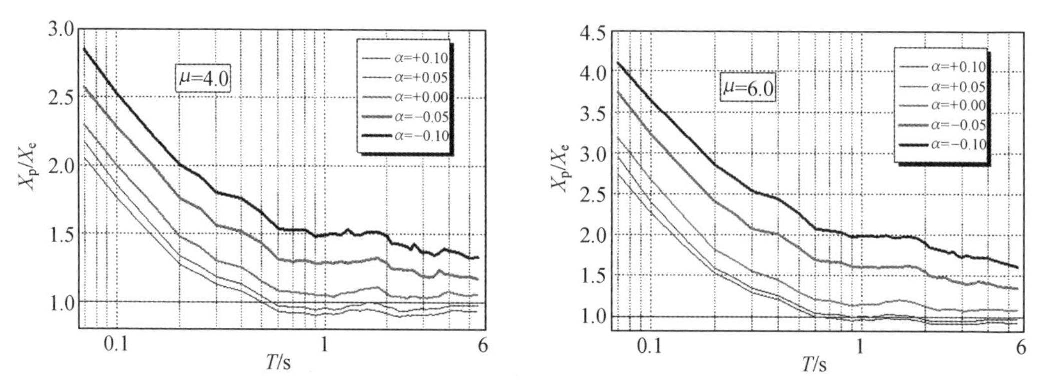

图 6.17　不同第二刚度对应的非弹性位移比谱比较($\mu=4.0$、6.0)

服硬化模型还是屈服软化模型，以便对由理想弹塑性模型得到的非弹性位移比谱值进行修正。

为了更加明确地表示不同第二刚度对非弹性位移比谱的影响，用 α＝0.10、0.05、－0.05、－0.10 的非弹性位移比谱分别与“标准系统”对比，得到了不同第二刚度系数的非弹性位移比谱对标准系统非弹性位移比谱的修正系数。图 6.18 中绘出了不同第二刚度系数下的非弹性位移比谱与理想弹塑性体系的非弹性位移比谱的比值，如果比值大于 1.0，说明该第二刚度系数下的非弹性位移比谱大于理想弹塑性体系的非弹性位移比谱；如果比值小于 1.0，则说明该第二刚度系数下的非弹性位移比谱小于理想弹塑性体系的非弹性位移比谱。

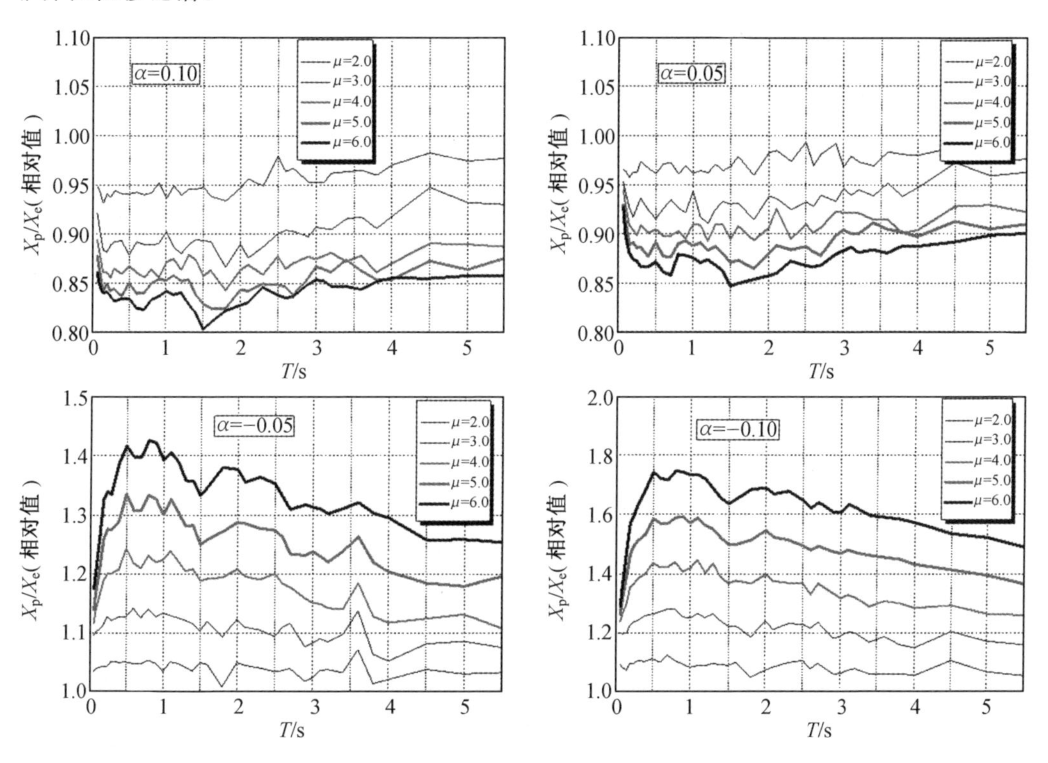

图 6.18　同一第二刚度时对应的“标准化”等延性非弹性位移比谱

从图 6.18 中可以看出，当第二刚度系数大于 0.0 时，其非弹性位移比谱值普遍小于理想弹塑性体系的非弹性位移比谱，延性较高时差别将近 20％；当第二刚度系数小于 0.0 时，其非弹性位移比谱值普遍大于理想弹塑性体系的非弹性位移比谱，延性较高时差别将近 80％。这主要是因为，结构的第二刚度系数越大，其割线刚度就越接近于弹性体系的刚度，结构的最大非弹性位移也就越接近其最大弹性位移；从另一个角度来说，在产生相同位移的时候，第二刚度系数越大的恢复力模型所包围的面积也就越大，这样结构的耗能能力就越强，其最大非弹性位移就越小，使得结构的非弹性位移比也相应减小了。

从总体上看，对于所有的第二刚度系数结果，周期为 0.5 s 左右的位移比谱值与标准系统相差最大，在小于 0.5 s 时差别随周期的减小而减小；在大于 0.5 s 的周期段差别随周期的增加而减小，并且与周期基本呈线性关系。其差别随结构延性系数的增加而增加。因为恢复力模型的第二刚度对结构的非弹性位移比谱影响较大，尤其是当第二刚度系数为负值时，差别将近80%；同时其差别随结构的周期变化较为规律，因此将上述位移谱之比采用线性拟合，得出了考虑不同第二刚度系数的非弹性位移比谱的修正系数拟合公式，公式如下

$$S = A + BT \tag{6.15}$$

式中 S—— 比值谱的谱值(修正系数)；

A、B ——公式的拟合参数，具体数值见表6.7。

表6.7 拟合公式中的参数取值

屈服刚度系数	周期段	拟合参数	延性系数 μ				
			2.0	3.0	4.0	5.0	6.0
$\alpha=0.10$	$T\leqslant0.5$ s	A	0.94	0.91	0.88	0.87	0.85
		B	−0.00	−0.06	−0.05	−0.06	−0.05
	$T>0.5$ s	A	0.94	0.88	0.86	0.84	0.82
		B	0.01	0.01	0.01	0.01	0.01
$\alpha=0.05$	$T\leqslant0.5$ s	A	0.96	0.95	0.93	0.92	0.91
		B	−0.00	−0.06	−0.07	−0.08	−0.10
	$T>0.5$ s	A	0.97	0.92	0.90	0.88	0.86
		B	0.00	0.01	0.01	0.01	0.01
$\alpha=-0.05$	$T\leqslant0.5$ s	A	1.04	1.10	1.12	1.15	1.18
		B	0.05	0.07	0.25	0.41	0.53
	$T>0.5$ s	A	1.05	1.14	1.25	1.34	1.43
		B	−0.00	−0.01	−0.03	−0.03	−0.03
$\alpha=-0.10$	$T\leqslant0.5$ s	A	1.07	1.18	1.21	1.27	1.28
		B	0.05	0.17	0.42	0.61	0.91
	$T>0.5$ s	A	1.11	1.28	1.45	1.61	1.76
		B	−0.01	−0.03	−0.04	−0.04	−0.05

图6.19中画出了α为0.10与−0.10时的拟合曲线与统计曲线的比较，因为非弹性位移比谱的差别在0.5 s左右达到了最大，因此在进行拟合时，将曲线以0.5 s为分界点分为了两段，分别进行拟合。从图中可以看出拟合曲线还是能较好反映屈服后刚度对位移比谱影响情况的。

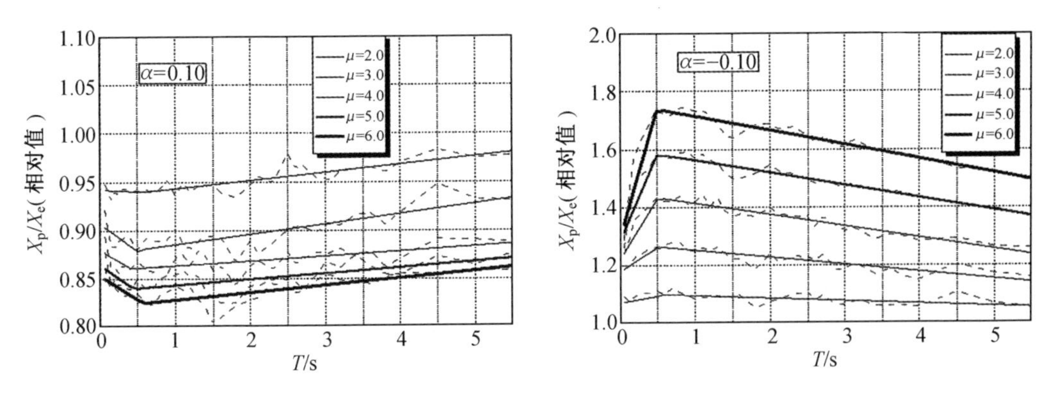

图 6.19　拟合曲线与统计曲线的比较

6.6　非弹性反应谱的应用

6.6.1　反应谱应用的基本介绍

在给出非弹性反应谱的有关应用前，再简单地补充介绍一下除等强度和等延性非弹性位移比谱以外的两种非弹性反应谱，这两种谱也属于“等延性”谱的范畴，这样可以更加全面地了解目前常用非弹性反应谱的应用情况。第一种谱为等延性非弹性位移反应谱，与等延性非弹性位移比谱相比，不同之处为纵轴由 X_p/X_e 变为 X_p 。虽然前文中已说明在计算以 X_p 为纵坐标的非弹性反应谱时，谱值与地震动的幅值是有关的，并且这是个不利的因素。然而，在某些情况下，以 X_p 为谱值的非弹性反应谱也有特定的用处，原因为其直接反映了给定幅值的地震动记录作用下单自由度体系的非弹性反应情况。第二种谱为等延性强度折减系数谱（简称强度折减系数谱），顾名思义，强度折减系数与结构的强度有关，与等延性非弹性位移比谱相比，纵轴的物理量使用了屈服强度系数 C_y 的倒数 $R=F_e/F_y$ ，这一概念已经在本章的 6.2.1 节中给予了介绍。

等延性位移反应谱的相关特征本章不再详细给出，需说明的是此方面可参考的研究文献也十分稀少。原因为等延性位移反应谱的计算结果与地震动是否调幅有关，因此不十分适于统计后拟合成设计谱。在后文中将会看到，在实际使用中等延性位移反应谱的获得有两种方式，其一是使用地震动记录直接计算，其二是通过间接的方式转换得到，后者又与加速度反应谱有关，而加速度的设计谱是常见的也是在很多抗震规范中已经给出的。等延性位移反应谱的计算步骤如下：

①将给定的地震动调幅至期望的强度，用时程分析法计算调幅后地震动作用下能使结构保持弹性的结构最低屈服强度 F_e 。

②以 F_e 作为结构的初始屈服强度，以 F_e 的梯度逐渐降低结构的屈服强度，进行弹塑性时程计算，直到结构的位移延性达到期望值（如 2.0、3.0、4.0、5.0 和 6.0），记下此时结构的最大非弹性位移 X_p 。

③将每个延性系数下的 X_p，作为在对应延性条件下的等延性位移反应谱的谱值，与结构的自振周期 T 结合，绘制出周期 T 对应反应谱数据点。

④对于每个单自由度体系分别重复步骤①～③，这样就得到了多个单自由度体系在地震动作用下对应不同延性的等延性非弹性反应谱。对于多条地震动的情况，平均即可得到平均等延性非弹性反应谱。

强度折减系数谱的相关特征本章不再详细给出，可参考已有的研究文献(例如，文献[102])，强度折减系数谱的计算步骤如下：

①用时程分析法计算给定地震动作用下能使结构保持弹性的结构最低屈服强度 F_e(不需对地震动进行调幅，强度折减系数谱的计算结果与地震动是否调幅无关)。

②以 F_e 作为结构的初始屈服强度，以 $F_e/1\ 000$ 的梯度逐渐降低结构的屈服强度，进行弹塑性时程计算，直到结构的位移延性达到期望值(如 2.0、3.0、4.0、5.0 和 6.0)，记下此时结构的屈服强度 F_y。

③将 $R=F_e/F_y$ 作为在该延性条件下的强度折减系数谱的谱值，与结构的自振周期 T 结合，绘制出周期 T 对应反应谱数据点。

④对于每个单自由度体系重复步骤①～③，这样就得到了多个单自由度体系在地震动作用下对应不同延性的强度折减系数谱。对于多条地震动的情况，平均即可得到平均强度折减系数谱。

现在，本章中已经介绍了 4 种不同类型的非弹性反应谱，包括等延性非弹性位移比谱、等强度非弹性位移比谱、等延性位移反应谱和强度折减系数谱。下面将简单地说明一下它们在何背景下使用，在 6.6.2 节中还将使用一个例子来说明目前广泛使用的 Pushover 方法中如何使用了等延性位移反应谱和强度折减系数谱。需再次强调的是，这些非弹性反应谱的计算均使用了单自由度体系，因此它们的应用对象也是单自由度体系或者能简化成等效单自由度体系的多自由度体系。另外，等延性反应谱一般用于结构的初步设计(此时结构的延性能力作为设计目标，可认为是已知的)，等强度反应谱一般用于结构的能力评估(此时结构屈服强度是已知的)。

①等延性非弹性位移比谱的应用背景：在对结构进行初步的抗震设计时，结构的设计方案是待确定的，其中结构周期可根据所设计结构的体系类型、截面尺寸等计算出来或根据经验公式估计出来，而期望结构具有多大的延性能力可以作为一个设计目标；结构设计方案中的另一个主要的任务是在结构的期望延性下，提前预估结构的在地震中出现的最大位移，并与限值相比较。在已知等延性非弹性位移比谱时，知道拟设计结构的周期和期望结构能达到的延性能力，即可得到相应的非弹性位移比 X_p/X_e。X_e 是将结构按弹性模型计算时的最大位移反应，其获得十分方便。然后，结构的最大非弹性位移反应 X_p 即可以被求出，并用于与位移限值作比较，如果不满足设计预期的要求，则需要重新设计，直到设计方案满足设计预期的要求。

②等强度非弹性位移比谱的应用背景：在对已建结构或初步设计完成的结构进行抗震性能评估时，由于结构的设计方案是已知的，因此结构的周期以及结构的屈服强度可以

被测量或计算出来,即结构的周期和屈服强度系数是已知的。所以,可通过反应谱得到相应的非弹性位移比 X_p/X_e 。X_e 是将结构按弹性模型计算时的最大位移反应,其获得十分方便。然后,结构的最大非弹性位移反应 X_p 也可以被求出,并用于与位移限值做比较,完成结构抗震性能的评估过程。

③等延性位移反应谱的应用背景:与等延性非弹性位移比谱的应用背景相似,应用于结构的初步设计。不同之处在于,等延性位移反应谱本身是相应于一定的地震动强度的,如对应于 8 度区大震强度水平的等延性位移反应谱、对应于给定幅值地震动的等延性位移反应谱等。因此,在已知等延性位移反应谱时,已知拟设计结构的周期和期望结构能达到的延性能力,即可直接得到相应的非弹性位移比 X_p 。将其与位移限值做比较,如果不满足设计预期的要求,则需要重新设计,直到设计方案满足设计预期的要求。

④强度折减系数谱的应用背景:一般用于两种情况:①与等延性非弹性位移比谱的应用背景相似,应用于结构的初步设计。不同之处在于,在已知等延性非弹性位移比谱时,知道拟设计结构的周期和期望结构能达到的延性能力,即可得到相应的非弹性位移比 F_e/F_y 。F_e 是将结构按弹性模型计算时的最大基底剪力,其获得十分方便。然后,结构的屈服强度 F_y 也可以被求出,此时可使用结构的屈服强度直接对结构进行设计。②可使用强度折减系数谱将弹性反应谱折减为非弹性反应谱,这种特性使得强度折减系数谱极具吸引力,在本章的后续部分将会讲到如何具体实现。

6.6.2　与 Pushover 方法结合使用

Pushover 方法是与非线性时程分析方法并行的结构地震反应分析方法,虽然其不能获得给定地震动作用下的反应时程,但是可以获得反应的最大值。与非线性时程分析方法相比,Pushover 方法计算量大幅降低,同时对于中低层建筑结构的分析精度可以满足工程上的要求。非弹性反应谱中的等延性位移反应谱和强度折减系数谱在 Pushover 方法的实施过程中被使用,本节将会给予介绍。考虑目前结构非弹性地震反应分析的方法有限,除非线性时程分析方法以外,Pushover 方法几乎是应用最为广泛的方法。因此,有必要首先介绍一下该方法的理论和过程,然后再说明非弹性反应谱在其中如何使用。

Pushover 分析是一种结构非线性地震反应的简化计算方法,本质上是一种与反应谱相结合的静力弹塑性分析方法。采用对结构施加具有一定分布模式的单调递增的侧向力,使结构发生侧向变形,以近似地震中结构发生的变形反应,从而判断结构及构件的变形和受力是否满足要求,并以此对结构的抗震性能做出评估。

Pushover 方法的目的是求出在给定强度地震动作用下结构的反应,因此与地震动的自身信息相关,非弹性反应谱即提供了这些信息。Pushover 常用的方法为 Chopra 和 Goel[103] 提出的改进能力谱法,主要分析步骤如下:

①在选定的侧向力模式下对结构进行侧向推覆,获得结构的基底剪力-顶点位移关系曲线(真实结构的 Pushover 曲线),如图 6.20(a)所示。

②用等效单自由度体系代替原结构,建立等效单自由度体系的能力曲线。因此,可将

基底剪力 V_b —顶点位移 u_n 曲线通过公式(6.16)转化为 S_a-S_d 曲线,即能力曲线,如图6.20(b)所示。

$$S_a=\frac{V_b}{M_1^*} \tag{6.16a}$$

$$S_d=\frac{u_n}{\Gamma_1\varphi_{n1}} \tag{6.16b}$$

式中 M_1^*、Γ_1、φ_{n1} ——结构第一振型的模态质量、参与系数、顶层质点振幅,使用下列公式计算:

$$M_1^*=\frac{\left(\sum_{i=1}^{n}m_i\varphi_{i1}\right)^2}{\sum_{i=1}^{n}m_i\varphi_{i1}^2} \tag{6.17a}$$

$$\Gamma_1=\frac{\sum_{i=1}^{n}m_i\varphi_{i1}}{\sum_{i=1}^{n}m_i\varphi_{i1}^2} \tag{6.17b}$$

式中 m_i ——第 i 层质点的质量;

φ_{i1} ——第一振型中第 i 层质点的振幅。

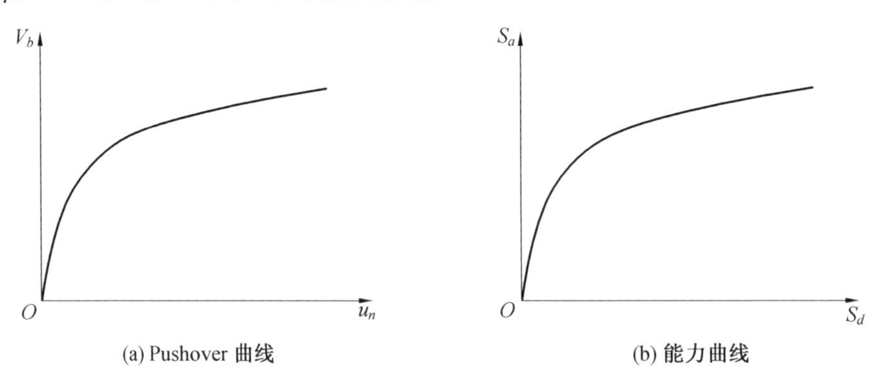

图 6.20 Pushover 曲线和能力谱曲线之间的转换

③建立地震动的需求曲线。首先讨论结构为弹性的情况,单自由度体系的弹性反应谱的表现形式为谱加速度 S_a 和周期 T 的关系,如图6.21(a)所示。对于弹性单自由度体系,S_a 和 S_d 之间存在着下述关系

$$S_d=\frac{S_a}{\omega^2}=\frac{T^2}{4\pi^2}S_a \tag{6.18}$$

由此,可得到弹性结构对应的谱加速度 S_a - 谱位移 S_d 关系曲线,即弹性结构(结构的反应未进入非弹性阶段的情况)的需求曲线,也称为 $A-D$ 形式的曲线,如图6.21(b)所示。

对于弹塑性结构,根据情况的不同,需求曲线有2种求法:①使用强度折减系数 R,考虑不同的延性系数 μ,折减弹性加速度反应谱获得对应不同延性水平的非弹性的加速度反应,通过式(6.19)和式(6.20)得到非弹性位移反应;②根据本章前面提供的计算等延性

反应谱的方法，直接使用地震动记录计算其非弹性加速度反应谱和非弹性位移反应谱，消去周期 T，进而得到需求曲线。第一种方法适合用于给定的一条地震动记录，同时也适合对抗震规范给出的弹性加速度设计谱进行折减，而第二种方法仅适用于给定地震动的情况。在实际应用中，由于可以和抗震规范中的设计谱相结合使用，利用强度折减系数进行折减的方法在工程上更为常用。

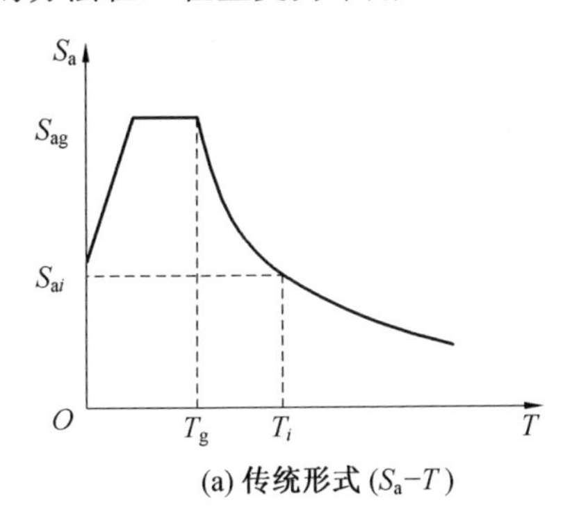

(a) 传统形式 (S_a-T)

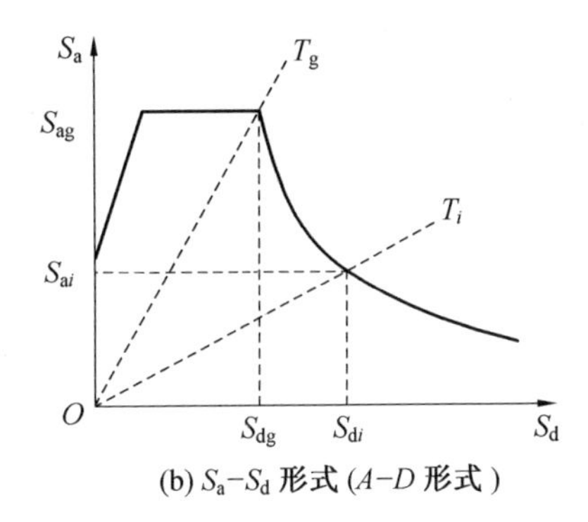

(b) S_a-S_d 形式 (A-D 形式)

图 6.21 弹性加速度反应谱和需求曲线

确定强度折减系数谱（R 谱）之后，可按式(6.19)和(6.20)求得单自由度体系的最大弹塑性加速度和位移反应。给出的公式中使用使用了 $A-D$ 形式来表现：

$$A = \frac{A_e}{R} \tag{6.19}$$

$$D = \mu D_y = \mu \frac{T^2}{4\pi^2} A \tag{6.20}$$

式中 A_e ——弹性加速度设计谱上对应于单自由度体系周期 T 和阻尼比 ξ 的伪加速度谱值；

D、D_y ——单自由度体系的峰值位移和屈服位移。

给定延性系数 μ 值，可由 R 谱计算每一弹性周期 T 所对应的 R 值，由式(6.20)和弹性加速度设计谱（A_e-T 曲线）可求得 $A-T$ 曲线。改变延性系数 μ 值即可得到若干条 $A-T$ 曲线，再按式(6.20)可以转化成若干条 $A-D$ 形式的需求曲线。

④将结构的能力曲线和地震动的需求曲线画在同一坐标系中（$A-D$ 坐标系）。若两曲线不相交，说明结构的抗震能力不足；若两曲线相交，交点对应的位移即为等效单自由度体系的谱位移。需说明的是由于有若干条需求曲线，所以可能有多个交点。满足以下特征的交点才是结构地震反应所对应的点：在该点处，需求曲线所对应的单自由度体系的延性等于能力曲线所对应单自由度体系的延性，其原因为两条曲线在交点处所对应的结构应该为同一个结构，因此应具有相同的如结构延性等的结构属性。将交点处的等效单自由度体系的位移使用式(6.16)转换回多自由度体系上，对应此变形状态的结构位移和内力即为在给定地震动强度下的结构反应。

为更好地说明以上过程，下面将给出一个 Pushover 方法的具体实例，分析位于 8 度区的一个框架结构的抗震性能。选取的结构为六层三跨的办公楼，采用钢筋混凝土框架结构，其平面尺寸、跨度、层高及填充墙在框架中的分布如图 6.22 所示。屋面的恒荷载为 6.0 kN/m^2，活荷载 2.0 kN/m^2，楼面的恒荷载为 4.5 kN/m^2，屋内活荷载为 2.0 kN/m^2，走廊活荷载为 2.5 kN/m^2。建于Ⅱ类场地，设计地震分组为第二组。由于结构平面规则，分析时取中间一榀框架，分析中不考虑填充墙影响。

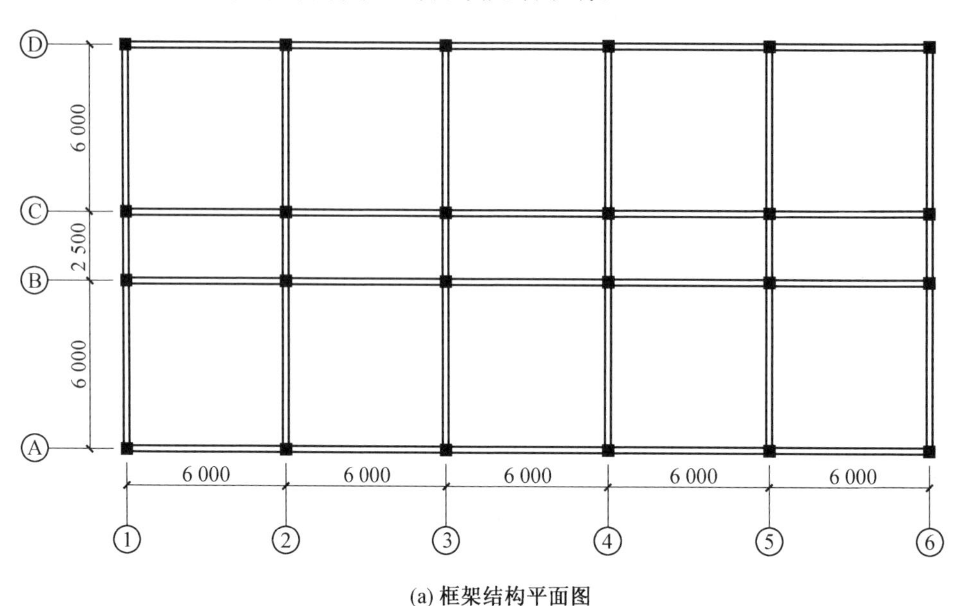

(a) 框架结构平面图

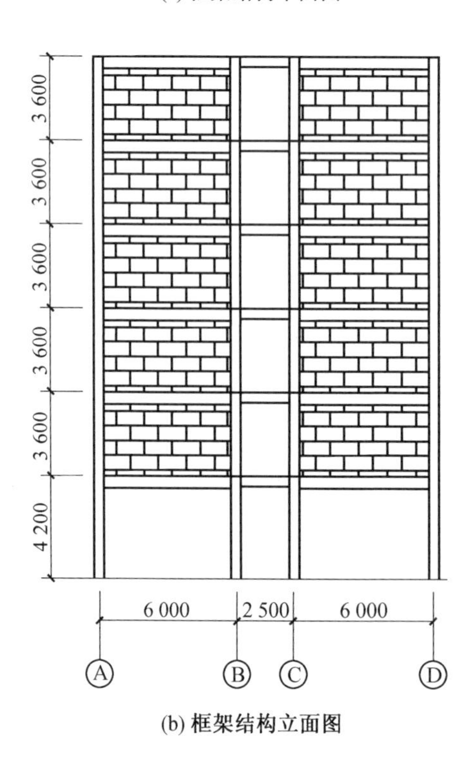

(b) 框架结构立面图

图 6.22　框架结构的平面图和立面图

根据我国现行抗震规范，结构所处的场地类别、设计地震分组查到特征周期值 T_g，根据地震烈度查到水平地震影响系数最大值 α_{max}，运用上述公式(6.19)和(6.20)即可得到相应的需求曲线。特征周期为Ⅱ类场地第二分组在 8 度罕遇地震情况下的需求曲线，如图 6.23 所示。

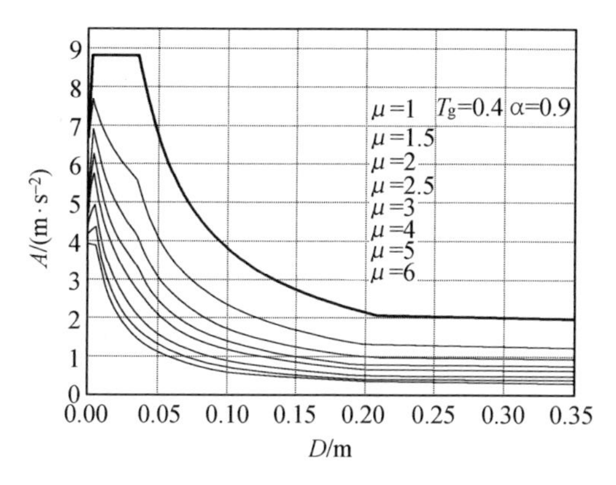

图 6.23　Ⅱ类场地需求曲线(8 度区罕遇地震)

使用 Opensees 软件[104]建立该框架结构的有限元模型，进行侧向推覆分析，由于分析的框架结构的高度较低，采用倒三角分布的加载模式。将经侧向推覆分析得到结构的基底剪力一顶点位移关系曲线，绘制于一张图中，如图 6.30 所示。将基底剪力一顶点位移关系曲线经前述方法转换为等效单自由度体系的能力曲线，然后将能力曲线与规范反应谱转换得到的 8 度区罕遇地震下的需求曲线绘在同一坐标系中，利用交点处延性相等的限制条件求出两条曲线的交点为 0.138 m，如图 6.25 所示。得到两条曲线交点后，利用式(6.16)反推，将交点处的横坐标乘以 $\Gamma_1 \varphi_{n1}$ 得到结构的顶点位移，即为实际结构的顶点位移，为 0.177 m。将结构重新推覆至顶点位移为 0.177 m，记录下此时的结构层间位移角分布，与时程分析方法得到的层间位移角分布的对比情况如图 6.26 所示，可以发现 Pushover 方法具有较好的精度。

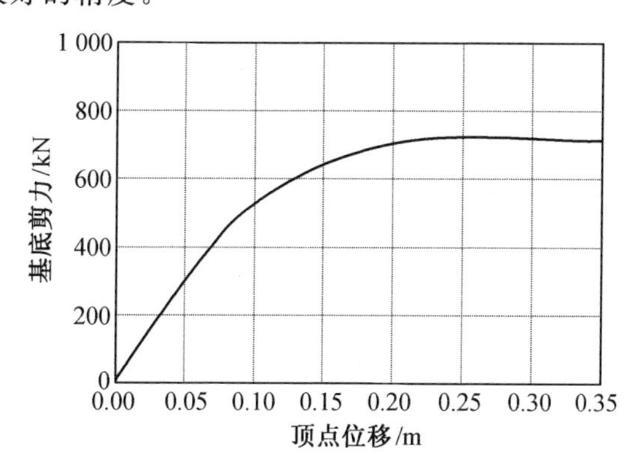

图 6.24　框架结构的基底剪力一顶点位移关系曲线(Pushover 曲线)

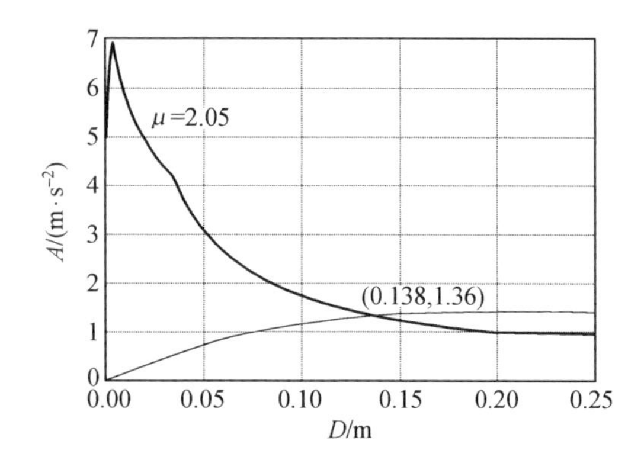

图 6.25　结构的能力曲线和地震动的需求曲线交点

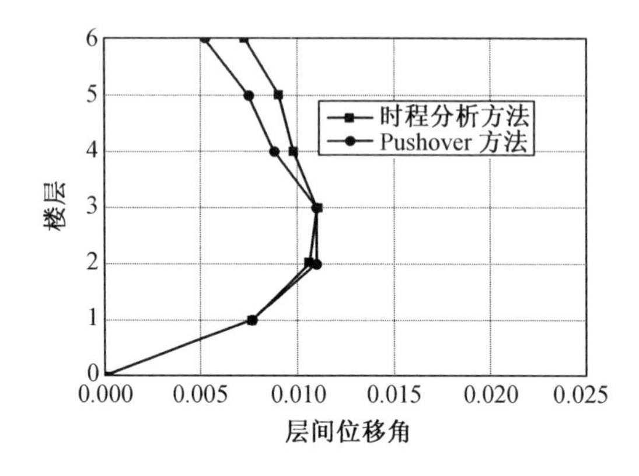

图 6.26　Pushover 方法与时程分析方法获得的层间位移角对比

图 6.27 为在 Taft 地震动作用下使用时程分析方法和 Pushover 分析方法得到结构的塑性铰分布，图中“●”表示已出铰，“○”表示刚刚出铰，“◇”则表示即将出铰。对比(a)图和(b)图可以看到，Pushover 分析得到的塑性铰分布与地震动作用下得到的塑性铰分布类似，Pushover 分析方法所得结果能比较好地反映结构的抗震性能。

Pushover 分析方法是评估建筑结构在地震中非弹性变形反应的常用方法之一，而非弹性反应谱在该方法的实现中起到了重要的作用。回顾本节中对 Pushover 方法理论的讲解以及例子的描述，可以看到等延性位移反应谱或强度折减系数谱在此过程中被应用了。使用的目的是形成地震动的需求曲线。

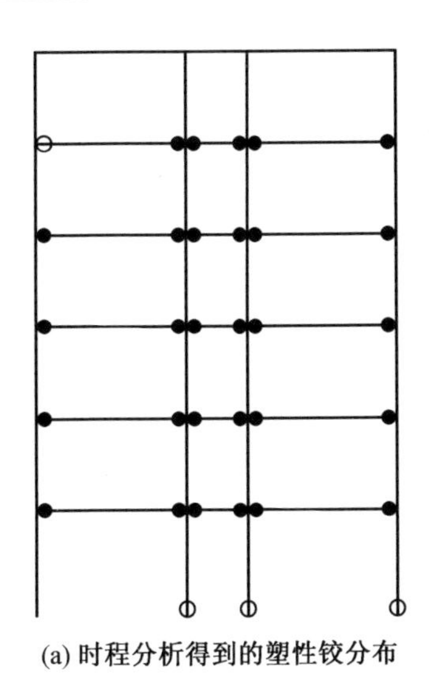

(a) 时程分析得到的塑性铰分布

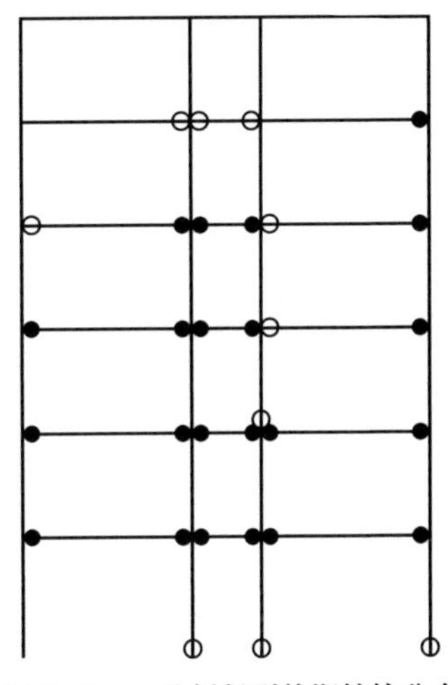

(b) Pushover 分析得到的塑性铰分布

图 6.27　Taft 地震动下框架结构的塑性铰分布

6.7　小　　结

本章针对非弹性反应谱，介绍了非弹性反应谱的概念和计算方法。重点针对位移型反应谱进行了研究，包括等强度非弹性位移比谱和等延性非弹性位移比谱。一般来讲，等强度位移比谱较为适用于对已建或已设计结构进行评价，而等延性位移比谱较为适用于对拟建的结构进行初步设计。对于单自由度体系，非弹性反应谱的应用是直接的，比如若已知单自由度的初始周期和屈服强度就可以通过已经建立的等强度位移比谱公式方便地求出结构的最大非弹性位移反应；若确定了拟建结构的初始周期，并希望其能具有需要的延性，就可以通过已建立的等延性位移比谱公式来检验结构的最大非弹性位移是否超限。对于多自由度结构，非弹性反应谱的应用是针对等效的单自由度体系来使用的，如结构本身可近似为一个单自由度体系，或结构的每个模态可近似看成是一个单自由度体系。本章也介绍了等延性位移反应谱和强度折减系数谱，它们是一些重要的结构抗震能力的分析方法（如 Pushover 分析方法等）得以实现的保障。非弹性反应谱将在结构抗震设计和评估中持续的发挥着巨大作用。

参考文献

[1] 胡聿贤. 地震工程学[M]. 北京：地震出版社，2006.

[2] 金森博雄，博斯基. 地震：观测、理论和解释[M]. 柳百琪，周冉，译. 北京：地震出版社，1992.

[3] 谢礼立，于双久. 地震观测与分析原理[M]. 北京：地震出版社，1982.

[4] 周雍年. 地震动观测技术[M]. 北京：地震出版社，2011.

[5] Consortium of organizations for strong-motion observation systems. Guidelines for installation of advanced national seismic system strong-motion reference stations [R]. Richmond, California: Consortium of Organizations for Strong-Motion Observation Systems, 2001.

[6] 叶春明，吴华灯. 松岗地震动台建台报告[R]. 广州：广东省地震局，2007.

[7] IWAN W D. Strong-motion earthquake instrument arrays: proceedings of the international workshop on strong-motion earthquake instrument arrays, Honolulu, Hawaii, 1978[C]. Pasadena: California Instituute of Technology, 1978.

[8] Academia Sinica. Institute of Earth Sciences. Strong motion array in Taiwan, phase I (SMART1) [EB/OL]. [2017-2-24]. http://www.earth.sinica.edu.tw/~smdmc/smart1/smart1.htm.

[9] 谢礼立，李沙白，章文波. 唐山响堂三维场地影响观测台阵[J]. 地震工程与工程振动，1999，19(2):1-8.

[10] 周雍年，谢礼立，章文波，等. 研究局部场地条件对地震动影响的响堂遥测台阵[J]. 地震工程与工程振动，2005，25(6):1-4.

[11] 崔建文. 中国数字地震动台网云南区域台网场地影响台阵建设报告[R]. 昆明：云南省地震局，2007.

[12] LOSADA R A. Digital filters with MATLAB[M]. Natick, Mass.: The Math Works Inc., 2008.

[13] CONVERSE A M, BRADY A G. BAP: basic strong-motion accelerogram processing software, version 1.0[R]. Reston: United States Department of the Interior, US Geological Survey, 1992.

[14] TRIFUNAC M D, LEE V W. Routine computer processing of strong-motion ac-

celerograms: Report EERL 73-03 [R]. Pasadena: Earthquake Engineering Research Laboratory, 1973.

[15] SUNDER S S, SCHUMACKER B. Earthquake motions using a new data processing scheme[J]. Journal of the Engineering Mechanics Division, 1982, 108(6):1313-1329.

[16] AMBRASEYS N, SMIT P, SIGBJORNSSON R, et al. Internet-site for European strong-motion data[EB/OL]. [2017-2-24]. http://www. isesd. hi. is/ESD_Local/frameset. htm.

[17] KANASEWICHER. Time sequence analysis in geophysics [M]. Edmonton: University of Alberta Press, 1981.

[18] Center for engineering strong motion data. CESMD internet data report[DB/OL]. [2017-2-24]. http://strongmotioncenter. org.

[19] 李小军. 汶川 8.0 级地震余震固定台站观测未校正加速度记录[M]. 北京：地震出版社，2009.

[20] 李小军. 汶川 8.0 级地震余震流动台站观测未校正加速度记录[M]. 北京：地震出版社，2009.

[21] BOORE D M, BOMMER J J. Processing of strong-motion accelerograms: needs, options and consequences[J]. Soil Dynamics and Earthquake Engineering, 2005, 25(2): 93-115.

[22] Pacific Earthquake Engineering Research Center. PEER Ground Motion Database [EB/OL]. [2017-2-24]. http://peer. berkeley. edu/smcat/process. html.

[23] 郑君里，应启珩，杨为理. 信号与系统[M]. 3 版. 北京：高等教育出版社，2011.

[24] BAZZURRO P, SJOBERG B, LUCO N, et al. Effects of strong motion processing procedures on time histories, elastic and inelastic spectra [R]. Richmond, California: COSMOS Invited Workshop on Strong-Motion Record Processing, Consortium of Organizations for Strong-Motion Observation Systems, 2004.

[25] 周宝峰，温瑞智，谢礼立. 非因果滤波器在地震数据处理中的应用[J]. 地震工程与工程振动，2012，32(2):25-34.

[26] BOORE D M, AKKAR S. Effect of causal and acausal filters on elastic and inelastic response spectra[J]. Earthquake Engineering and Structural Dynamics, 2003, 32(11): 1729-1748.

[27] BOMMER J, BOORE D. Guidelines and recommendations for strong-motion

record processing and commentary [R]. Richmond, California: Strong-Motion Record Processing Working Group, 2005.

[28] TRIFUNAC M D. Low frequency digitization errors and a new method for zero baseline correction of strong-motion accelerograms [R]. Pasadena: California Institute of Technology, Earthquake Engineering Research Laboratory, 1970.

[29] CHIU H C. Stable baseline correction of digital strong-motion data[J]. Bulletin of the Seismological Society of America, 1997, 87(4):932-944.

[30] BOORE D M. Effect of baseline corrections on displacements and response spectra for several recordings of the 1999 Chi-Chi, Taiwan earthquake[J]. Bulletin of the Seismological Society of America, 2001, 91(5):1199-1211.

[31] TRIFUNAC M D, TODOROVSKA M I. A note on the usable dynamic range of accelerographs recording translation [J]. Soil Dynamic and Earthquake Engineering, 2001, 21(4):275-286.

[32] IWAN W D, MOSER M A, PENG C Y. Some observations on strong-motion earthquake measurement using a digital accelerograph [J]. Bulletin of the Seismological Society of America, 1985, 75(5): 1225-1246.

[33] SHAKAL A F, PETERSON C D. Acceleration offsets in some FBA's during earthquake shaking[J]. Seismological Research Letters, 2001, 72: 233-234.

[34] SHAKAL A F, HUANG M J, GRAZIER V M. Strong-motion data processing [M]//LEE W HK, KANAMORIH, JENNINGS P C. International geophysics: international book of earthquake and engineering seismology, Part B. Cambridge, Mass.: Academic Press, 2003, 81(03):967-981.

[35] TODOROVSKA M I. Cross-axis sensitivity of accelerographs with pendulum like transducers-mathematical model and the inverse problem [J]. Earthquake Engineering and Structural Dynamics, 2003, 27(10):1031-1051.

[36] WONG H L, TRIFUNAC M D. Effects of cross-axis sensitivity and misalignment on the response of mechanical-optical accelerographs [J]. Bulletin of the Seismological Society of America, 1977, 67(3):929-956.

[37] BOORE D M. Analog-to-digital conversion as a source of drifts in displacements derived from digital recordings of ground motion[J]. Bulletin of the Seismological Society of America, 2003, 93(5): 2017-2024.

[38] GRAIZER V M. Determination of the true ground displacement by using strong motion records[J]. Izvestiya Phys Solid Earth, 1979, 15(12):875-885.

[39] 吴健富. 地震引起之地变动及其衰减之估算[D]. 台湾：台湾中央大学地球物理研究所，2004.

[40] AKKAR S, BOORE D M. On baseline corrections and uncertainty in response spectra for baseline variations commonly encountered in digital accelerograph records[J]. Bulletin of the Seismological Society of America, 2009, 99(3): 1671-1690.

[41] 王国权. 9·21台湾集集地震近断层地面运动特征[D]. 北京：中国地震局地质研究所，2001.

[42] 周宝峰. 地震观测中的关键技术研究[D]. 哈尔滨：中国地震局工程力学研究所，2012.

[43] 吴勃英，王德明，丁效华，等. 数值分析原理[M]. 北京：科学出版社，2004.

[44] 中国地震局震害防御司. 汶川8.0级地震未校正加速度记录[R]. 北京：地震出版社，2008.

[45] SIMPSON K A. The attenuation of strong ground-motion incorporating near-surface foundation conditions[D]. London: University of London, 1996.

[46] 周正华，温瑞智，卢大伟，等. 汶川地震中地震动台基墩引起的记录异常分析[J]. 应用基础与工程科学学报，2010，18(2):304-311.

[47] 卢大伟. 地震动台站观测环境对地震动的影响分析[D]. 北京：中国地震局地球物理研究所，2015.

[48] MASUMI Y, JIM M. Strong Ground Motions of the 2011 Christchurch Earthquake[EB/OL]. [2017-2-24]. http://www.eqh.dpri.kyoto-u.ac.jp/users/masu-mi/public_html/eq/nz2011/2011.

[49] TOBITA T, IAI S, IWATA T. Numerical analysis of near-field asymmetric vertical motion[J]. Bulletin of the Seismological Society of America, 2010, 100(4):1456-1469.

[50] AOI S, KUNUGI T, FUJIWARA H. Trampoline effect in extreme ground motion[J]. Science, 2008, 322(5902):727-730.

[51] 李山有，于海英. 芦山7.0级地震主余震未校正加速度记录[M]//国家地震动台网中心. 中国地震动记录汇报:第十七集，第一卷. 北京：地震出版社，2014.

[52] 周宝峰，宋廷苏，于海英，等. 芦山地震动记录中的奇异波形研究[J]. 地震工程与工程振动，2014，34(5):93-99.

[53] 尹保江，黄宗明，白绍良. 对地震地面运动持续时间定义的对比分析及改进建议[J]. 工程抗震，1999(2):43-46.

[54] 王亚勇，刘小弟，程民宪. 建筑结构时程分析法输入地震波的研究[J]. 建筑结构学报，1991，12(2):51-60.

[55] 谢礼立，周雍年. 一个新的地震动持续时间定义[J]. 地震工程与工程振动，1984(2):27-35.

[56] XIE L L, ZHANG X. Engineering duration of strong motion and its effects on seismic damage: proceedings of the Ninth World Conference on Earthquake Engineering, Tokyo-Kyoto, Japan, 1988[C/OL]. [2017-2-24]. http://www.iitk.ac.in/nicee/wcee/article/9_vol2_307.pdf.

[57] KAWASHIMA K, AIZAWA K. Bracketed and normalized durations of earthquake ground acceleration[J]. Earthquake Engineering and Structural Dynamics, 1989, 18(7):1041-1051.

[58] TRIFUNAC M D, BRADY A G. A study on the duration of strong earthquake ground motion[J]. Bulletin of the Seismological Society of America, 1975, 65(3): 581-626.

[59] HUSID R L. Analisis de terremotos: analisis general[J]. Revistadel IDIEM, 1969, 8(1):21-42.

[60] ANDERSON J C, BERTERO V V. Uncertainties in establishing design earthquakes[J]. Journal of Structural Engineering, 1987, 113(8):1709-1724.

[61] ZHU T J, TSO W K, HEIDEBRECHT A C. Effect of peak ground A/V ratio on structural damage [J]. Journal of Structural Engineering, 1988, 114 (5): 1019-1037.

[62] MESKOURIS K, KRÄTZIG W B, HANSKÖTTER U. Seismic motion damage potential for R/C wall-stiffened buildings[J]. Nonlinear Seismic Analysis and Design of Reinforced Concrete Buildings,Elsevier Applied Science, Oxford, 1992: 125-136.

[63] SUCUOĜLU H, YÜCEMEN S, GEZER A, et al. Statistical evaluation of the damage potential of earthquake ground motions[J]. Structural Safety, 1998, 20(4):357-378.

[64] FAJFAR P, VIDIC T. Consistent inelastic design spectra: hysteretic and input energy[J]. Earthquake Engineering and Structural Dynamics, 1994, 23(5): 523-537.

[65] COSENZA E, MANFREDI G. The improvement of the seismic-resistant design for existing and new structures using damage criteria [J]. Seismic Design

Methodologies for the Next Generation of Codes, Balkema, Rotterdam, 1997: 119-130.

[66] ARIAS A. Measure of earthquake intensity [R]. Cambridge, Mass.: Massachusetts Institute of Technology Press, 1970.

[67] UANG C M, BERTERO V V. Implications of recorded earthquake ground motions on seismic design of building structures[M]. Berkeley: University of California,Earthquake Engineering Research Center, 1989.

[68] SARAGONI G R. Response spectra and earthquake destructiveness: proceedings of Fourth US National Conference on Earthquake Engineering, Palm Springs,California, 1990[C]. Oakland: Earthquake Engineering Research Institute, 1990.

[69] HOUSNER G W. Measures of severity of earthquake ground shaking: proceedings of First US National Conference on Earthquake Engineering, Los Angeles, California, 1952[C]. Oakland: Earthquake Engineering Research Institute, 1975.

[70] NAU J M, HALL W J. An evaluation of scaling methods for earthquake response spectra: Structural Research Series No. 499[R]. Urbana:University of Illinois, Departmentof Civil Engineering, 1982.

[71] FAJFAR P, VIDIC T, FISCHINGER M. Seismic demand in medium and long-period structures[J]. Earthquake Engineering and Structural Dynamics, 1989, 18 (8):1133-1144.

[72] KRAMER S L. Geotechnical earthquake engineering[M]. Upper Saddle River, New Jersey:Prentice-Hall, 1996.

[73] PARK Y J, ANG A H S, WEN Y K. Seismic damage analysis of reinforced concrete buildings[J]. Journal of Structural Engineering, 1985, 111(4):740-757.

[74] BAZZURRO P, CORNELL C A, SHOME N, et al. Three proposals for characterizing MDOF nonlinear seismic response [J]. Journal of Structural Engineering, 1998, 124(11):1281-1289.

[75] RIDDELL R, GARCIA J E. Hysteretic energy spectrum and damage control[J]. Earthquake Engineering and Structural Dynamics, 2001, 30(12):1791-1816.

[76] 吴巧云. 基于性能的钢筋混凝土框架结构抗震性能评估[D]. 武汉: 华中科技大学, 2011.

[77] 贾浩华, 魏德敏. 钢筋混凝土框架结构抗层屈服倒塌能力评价方法研究[J]. 建筑结构学报, 2013, 34(7):40-46.

[78] Applied Technology Council (ATC). Tentative provisions for the development of

seismic regulations for buildings: ATC-06[R]. Redwood City, California: ATC Publication,1978: 1-52.

[79] WANG M L, SHAH S P. Reinforced concrete hysteresis model based on the damage concept[J]. Earthquake Engineering and Structural Dynamics, 1987, 15(8):993-1003.

[80] STEPHENS J E, YAO J T P. Damage assessment using response measurements [J]. Journal of Structural Engineering, 1987, 113(4):787-801.

[81] BALLIO G, CASTIGLIONI C A. An approach to the seismic design of steel structures based on cumulative damage criteria[J]. Earthquake Engineering and-Structural Dynamics, 1994, 23(9):969-986.

[82] CALADO L, CASTIGLIONI C A. Steel beam-to-column connections under low-cycle fatigue experimental and numerical research: proceedings of the Eleventh World Conference on Earthquake Engineering, Acapulco, Mexico, 1996[C/OL]. [2017-2-24]. http://www.iitk.ac.in/nicee/wcee/article/11_1227.PDF.

[83] ZAHRAH T F, HALL W J. Earthquake energy absorption in SDOF structures [J]. Journal of Structural Engineering, 1984, 110(8):1757-1772.

[84] AKIYAMA H. Earthquake-resistant limit-state design for buildings[M]. Tokyo: University of Tokyo Press, 1985.

[85] FAJFAR P, FISCHINGER M. Earthquake design spectra considering duration of ground motion: proceedings of Fourth US National Conference on Earthquake Engineering, Palm Springs,California, 1990[C]. Oakland: Earthquake Engineering Research Institute, 1990.

[86] UANG C M, BERTERO V V. Evaluation of seismic energy in structures[J]. Earthquake Engineering and Structural Dynamics, 1990, 19(1):77-90.

[87] FAJFAR P, VIDIC T. Consistent inelastic design spectra: hysteretic and input energy[J]. Earthquake Engineering and Structural Dynamics, 1994, 23(5): 523-537.

[88] VALLES R E, REINHORN A M, KUNNATH S K, et al. A computer program for the inelastic damage analysis of buildings: Technical Report NCEER-96-0010 [R]. Buffalo, New York: National Center for Earthquake Engineering Research, 1996.

[89] 李爽，谢礼立，郝敏. 地震动参数及结构整体破坏相关性研究[J]. 哈尔滨工业大学学报，2007，39(4):505-509.

[90] REINHORN A M, KUNNATH S K, VALLES-MATTOX R. IDARC 2D version 4.0: user's manual[M]. Buffalo, New York: State University of New York, Buffalo, Department of Civil Engineering, 1996.

[91] 盛骤，谢式千，潘承毅. 概率论与数理统计[M]. 北京：高等教育出版社，2008.

[92] NAEIM F, ANDERSON J C. Classification and evaluation of earthquake records for design[M]. Los Angeles: University of Southern California, Department of Civil Engineering, 1993.

[93] CHOPRA A K. Dynamics of structures: theory and applications to earthquake engineering[M]. 2nd ed. Upper Saddle River, New Jersey: Prentice-Hall, 2001.

[94] 徐龙军. 统一抗震设计谱理论及其应用[D]. 哈尔滨：哈尔滨工业大学，2006.

[95] 徐龙军，谢礼立，郝敏. 简谐波地震动反应谱研究[J]. 工程力学，2005，22(5)：7-13.

[96] 徐龙军. 统一设计谱理论应用中的若干问题研究[R]. 哈尔滨：哈尔滨工业大学，2008.

[97] LEE W H K, SHIN T C, KUO K W, et al. CWB free-field strong-motion data from the 921 Chi-Chi earthquake: processed acceleration files on CD-ROM: Strong-Motion Data Series CD-001 [CD]. Taipei: Seismological Observation Center, Central Weather Bureau, 2001.

[98] MOHRAZ B. Recent studies of earthquake ground motion and amplification: proceedings of the Tenth World Conference Earthquake Engineering, Madrid, Spain, 1992[C/OL]. [2017-2-24]. http://www.iitk.ac.in/nicee/wcee/article/10_vol11_6695.pdf.

[99] RATHJE E M, ABRAHAMON N A, BRAY J D. Simplified frequency content estimates of earthquake ground motions[J]. Journal of Geotechnical and Geoenvironmental Engineering, ASCE, 1998, 124(2):150-159.

[100] RATHJE E M, FARAJ F, RUSSELL S, et al. Empirical relationships for frequency content parameters of earthquake ground motions[J]. Earthquake Spectra, 2004, 20(1):119-144.

[101] 中华人民共和国住房和城乡建设部，中华人民共和国国家质量监督检验检疫总局. 建筑抗震设计规范：GB50011—2001[S]. 北京：中国建筑工业出版社，2001.

[102] 翟长海. 最不利设计地震动及强度折减系数研究[D]. 哈尔滨：哈尔滨工业大学，2005.

[103] CHOPRA A K, GOEL R K. Capacity-demand-diagram methods based on

inelastic design spectrum[J]. Earthquake Spectra, 1999, 15(4):637-656.

[104] MAZZONI S, MCKENNA F, SCOTT M H, et al. Open system for earthquake engineering simulation (OpenSees): user command-language manual [M]. Berkeley: University of California, Pacific Earthquake Engineering Research Center, 2009.

名词索引